BIRDSTORYの

インコの飼い方図鑑

わたしは、数年前に、セキセイインコと
暮らしはじめたことがきっかけで、鳥さんの魅力にはまりました。
出会いはペットショップでした。
セキセイインコと暮らしたいという思いのもと
ペットショップへ行ったのですが、そのときにいたセキセイインコは1羽。
アルビノのセキセイインコでした。
暮らしはじめたときは、インターネットや飼育書を片手に試行錯誤。
今思えば、あれもこれも全然できていなかったな…と反省の日々です。
その後、白ブンチョウと桜ブンチョウをお迎えし、
今は3羽の愛鳥たちと暮らしています。
鳥さんと暮らしてみて思ったのは、
鳥さんはとても賢く、そして愛情深い生き物であるということ。
おたがいしっかり向き合うことで、
とてもすばらしいパートナーになれるのではないかと思います。

この本はいつも愛鳥たちがお世話になっている、
森下小鳥病院の寄崎先生にご監修をいただきました。
丁寧な診察に、わかりやすい解説、
鳥愛あふれる寄崎先生、ありがとうございました。
また、すてきな本に仕上げてくださった、
編集者さん、デザイナーさんにも感謝申し上げます。
この本が、これからのみなさんと
鳥さんとの暮らしのなかで、
なにかヒントにつながることがありましたら幸いです。

BIRDSTORY

わたしは小さいころからマンションで暮らしていたので、
家で飼えるのは小鳥や小動物だけでした。
小学生のころはブンチョウを2羽飼い、
約10年と長生きをしてくれました。
今も居住環境や共働きといった生活スタイルから、
わたしの小さいころのように、
ペットとして声も小さくあまり手のかからない小鳥を
選ぶ方も多いでしょう。
小鳥は体が小さいぶん、ほかの動物より繊細です。
日々の小さな変化に気づいてあげられないと、
「病院に連れていったときには手遅れ」なんていうことも多くあります。
そこで本書では、基本的な飼い方はもちろん、日々の健康管理や、
鳥さんに多い病気、病院へ行くタイミングがわかるように、
“どんなところに気をつけて飼えばいいのか”を
中心に解説しました。

この本は、たくさんの方の力でつくり上げました。
とくに、かわいいイラストをたくさん描いてくださったBIRDSTORYさん、
いっしょに本を制作しようと声をかけてくださった編集者の方、
ありがとうございました。
また、いつもわたしを支えてくれる病院のスタッフや
毎日多くのことを教えてくださっている
患者様や鳥たちにも深く感謝いたします。
みなさまのお気に入りの一冊になりますように。

監修　寄崎まりを

BIRDSTORY'S ストーリー

鳥さんってこんな生き物です

体の小さい子
大きい子がいます
ぼくは
マメルリハ
ぼくは
オカメ
インコ
ルリコンゴウインコと
申します
そして、
感情豊かな生き物です
一生愛することを
ちかいます♡
おやつ
ちょーだい
ワキ
ワキ
どうですか？
わたしたちについて
ちょっとわかってきましたか？

飼い主さんがお出かけのときは
ケージの中で過ごすことが多いので
遊ぶものがないと
しょぼ〜〜ん
かなり退屈です
ケージから出してもらっても
ぽつ〜ん……
飼い主さんがかまってくれないと悲しいです…
お世話はしっかりとしてくださいね
してくれないと怒っちゃいますよ！
BIRD FOOD

いっしょに暮らしていれば…
ガブッ!!
ビャーー!
ときには困ることもあるかと思います
でも…
いーっぱい愛情を注いでくれたら全力でお返しすることを約束します!
よろしくネーー!!
わたしたちのことをよく知って明るく楽しいバードライフをお過ごしください♪

もくじ

PART 1

お迎えするインコを探そう

PART 2

鳥さんをお迎えしよう

PART 3

毎日のお世話

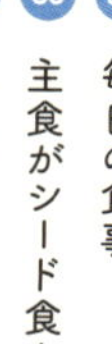

PART 4

インコと遊ぼう

PART 5

インコのお悩み解決Q&A

GUIDE

インコの気持ち読み取りガイド

PART 6

インコ学

PART 7

インコカルテ

＼投稿！／
マークがついているマンガやコラムは、鳥飼いさんたちから寄せていただいたエピソードです♪

PART 1

お迎えする インコを探そう

インコ、オウム、ブンチョウ…!
みなさんは、どんな鳥さんをお迎えしたいですか?
それぞれの鳥種の習性、特徴を知って、
自分のバードライフをイメージしましょう。

お迎え

どんな鳥さんをお迎えする？

東南アジア出身

タイハクオウム

ブンチョウ

オウムとインコの違いは、冠羽があるかどうか。ぼくは、オカメインコという名前だけど、冠羽があるからオウム科だよ！

オーストラリア出身

オカメインコ

ゴシキセイガイインコ

キンカチョウ

アキクサインコ

セキセイインコ

南米出身

サザナミインコ

シロハラインコ

マメルリハ

コガネメキシコインコ

インコ・オウムって、どんな鳥？

鳥類の分類学上、インコやオウムは「オウム目」に属し、「オウム科」「インコ科」*1の2つに分類されます。ブンチョウも飼い鳥として一般的ですが、フィンチ*2とよばれる「スズメ目」の鳥種です。

- オウム目
  - オウム科
    - オカメインコ
    - モモイロインコ
    - タイハクオウム
    - キバタン　など
  - インコ科
    - セキセイインコ
    - コザクラインコ
    - ボタンインコ
    - マメルリハ
    - サザナミインコ
    - ヨウム　など
- スズメ目
  - カエデチョウ科
    - ブンチョウ
    - キンカチョウ

*1 「インコ科」に「ヒインコ科」も属するが、インコ科、ヒインコ科を独立させて考えることもある。

*2 フィンチ…スズメ目のなかでもアトリ科、カエデチョウ科などに属する小鳥のこと。ほかに、キンカチョウ、ジュウシマツなど。

インコは南半球出身がほとんど

「オウム目」の鳥は、世界中に300種類以上いるといわれ、そのほとんどが南米やオーストラリア、アフリカなど熱帯〜亜熱帯出身。見た目も性格も実にさまざまです。いろいろな鳥種の特徴（↓P16〜）を知って、お迎えするヒントにしてください。

鳥さんは、どこからお迎えすればいい？

鳥さんと出会う方法はさまざまですが、
必ず自分で会いに行ってから決めましょう。

ブリーダーから

ブリーダーとは、動物の繁殖を専門に行っている人のこと。特定の鳥種をブリードしている人が多いので、お迎えしたい鳥種が決まっている人におすすめ。その鳥種について専門的なアドバイスを聞けるのが魅力。親鳥やきょうだい鳥のようすを見ることもできます。

ペットショップや小鳥専門店から

ペットショップや小鳥専門店では、いろいろな鳥種をくらべて選ぶことができます。ケージが清潔で、飼育に関する質問にちゃんと答えてくれるスタッフがいるところを選びましょう。

知人・里親募集から

知人宅でヒナが生まれた場合や、里親募集で里子としてもらう方法もあります。ただし、金銭のやりとりが発生する場合は、譲る側に「第一種動物取扱業（販売）」の登録が必要です。

ネット情報だけで、
決めてはダメですよ！

お迎え

ライフスタイルを考えてお迎えしよう

鳥さんとどんな暮らしがしたい？

「インコ」「オウム」といっても見た目、鳴き声、得意なこと、苦手なことなど、鳥種によって特徴は大きく異なります。つい、見た目の好みで選びがちですが、それだけで判断してはダメ！

「集合住宅だから、声が小さい子がいい」「鳥どうしの仲睦まじい姿を見たい！」など、まずはあなたが鳥さんとの暮らしになにを望むのか明確にすることが大切です。

ただし、本書で紹介する特徴は、あくまで一般論。その子がどんな子かは、結局のところお迎えしてみなければわかりません。どんな子だったとしても、その子の一生に責任をもつ覚悟で迎えましょう。

オス

- 歌やおしゃべりが得意な子が多い
- 甘えん坊でさみしがり屋が多い

ヒナや若鳥のうちは、性別の判断が難しいため、思っていた性別とは違ったということも。

or

メス

- マイペースでクールな子が多い
- 生殖器系の病気のリスクがオスより高い

メスは、どの鳥種でも生殖器の病気になるリスクが高いため、発情や栄養管理にとくに気をつけましょう。

1羽

- 飼い主さんと鳥さんとの結びつきが強くなる傾向が！

インコは群れで生活するため、留守がちなお宅だとさみしいもの。だけど、お世話に慣れていない人は1羽飼いから。

複数羽

- 鳥どうしで仲よくなる傾向が。仲よし姿を見たい人におすすめ

ケージは基本的に別々に。ラブバード（コザクラやボタン）は相性がよければいっしょでもOK。

あなたが望むライフスタイルは？

鳥さんとどんな関係を築きたいか、住宅事情などを考えて、お迎えする子を選びましょう。

いっしょに遊びたい

1羽飼いなら飼い主さんになつきやすいですが、習性を考えると鳥がさみしい思いをすることも。愛情を注げばどんな鳥種でも、仲よくなれる可能性はありますよ！

静かな声

大型種より小型種のほうが声は小さめ。とくに、マメルリハやサザナミインコは小さいといわれています。実際に声を聞いてからお迎えをして！

鳥さんと会話

セキセイインコ（オス）、ヨウム、ボウシインコはおしゃべり好き。でも、みんなが得意なわけではありません。できなくても個性と思って！

鳥種ごとの特徴 → P.16〜33

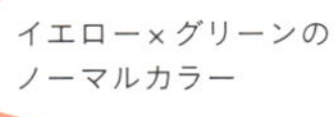

セキセイインコ

【英名】 Budgerigar

【学名】 *Melopsittacus undulatus*

DATA

分類	インコ科
生息地	オーストラリア
体長	約20㎝
体重	30～40g
野生の食性	種子
寿命	8～10年
声の大きさ	♪♪♪♪♪ (1/5)
活動量	♥♥♥♥♥ (5/5)
くちばしの強さ	●●○○○
気性の激しさ	★½☆☆☆
ケージの大きさ	■■□□□

インコといえばおなじみ！

飼育数がもっとも多い鳥種でインコの代表格、セキセイインコ！　好奇心旺盛(おうせい)で人見知りすることが少なく、オスならおしゃべりや声マネが得意な子が多い、世界中で愛されているインコです。

鳴き声は比較的小さく、くちばしの力も弱いので、鳥飼いさん初心者にも飼いやすいといえるでしょう。

セキセイインコは、1800年代にオーストラリアで発見され、その後、ヨーロッパを中心に飼い鳥としてポピュラーになりました。交配を重ねるうちに、現在のような豊富なカラーバリエーションができ、今では、5000種類以上ものカラーがあるといわれています。

セキセイさんの日常

結局、覚えたのはパパのダミ声でした…

- おしゃべり、声マネができる子が多い
- 人見知りが少なく、好奇心旺盛な性格

オカメインコ

【英名】 Cockatiel
【学名】 *Nymphicus hollandicus*

DATA

分類	オウム科
生息地	オーストラリア
体長	約30㎝
体重	80〜100g
野生の食性	種子
寿命	約15年
声の大きさ	♪♪♪♪♪（2）
活動量	♥♥♥♥♡（4）
くちばしの強さ	●●○○○（2）
気性の激しさ	★★½☆☆（2.5）
ケージの大きさ	■■■□□（3）

オウム科だけどオカメインコ・・・

世界一小さなオウムといえば、オカメインコ。英名の「Cockatiel」は、ポルトガル語の「Cacatilho（小さなオウム）」が由来だとか！

頭の冠羽（かんう）と、ほっぺたにある赤いチークパッチが特徴的ですが、チークパッチがないシックなカラーの子もいますよ。

個体差はありますが、さみしがり屋で飼い主さんへの愛情が深い一方、デリケートな子が多い傾向があります。

地震などがくるとパニックを起こす、通称「オカメパニック」とよばれる状態になることも…。

気性は比較的おだやかですが、適切にお世話をしないと、ときに攻撃的になるので気をつけましょう。

投稿！

オカメさんあるある？

オカメンちゃん

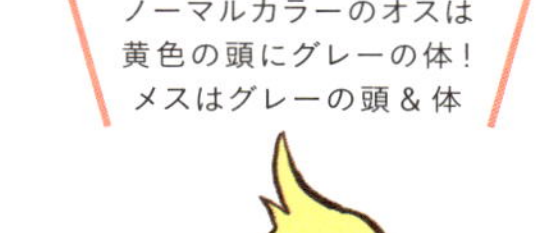

- オスは歌や音マネが得意な子が多い
- 繊細で「オカメパニック」を起こしやすい

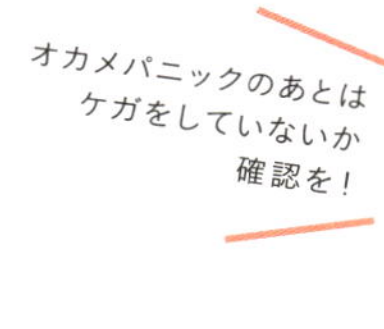

コザクラインコ

【英名】 Peach-faced Lovebird
【学名】 *Agapornis roseicollis*

DATA

分類	インコ科
生息地	アフリカ
体長	約15㎝
体重	45～55g
野生の食性	種子
寿命	約15年
声の大きさ	♪♪♪♪♪ (3/5)
活動量	♥♥♥♥♥ (5/5)
くちばしの強さ	●●●●● (3/5)
気性／オス	★☆☆☆☆ (1/5)
メス	★★★☆☆ (3/5)
ケージの大きさ	■■■■■ (2/5)

スキンシップ大好きなラブバード

鮮やかなカラーからシックなカラーまで、羽色の美しさも魅力のコザクラインコ。「ラブバード」の英名のとおり、一度パートナーを決めたら、ずっと愛情を注いでくれます。ただし、パートナー以外の人や鳥にはやや厳しめ。とくに、メスはオスよりも攻撃的です。ペアで飼う場合は、インコどうしでラブラブになるので、人はお世話係に徹することを覚悟して。

キエリクロボタンインコ

【英名】Masked Lovebird
【学名】*Agapornis personata*

内気でマイペースなラブバード

ずんぐりボディと目のまわりを彩る白いアイリングがチャームポイントのボタンインコ。コザクラインコ同様、ボタンインコも「ラブバード」とよばれ、パートナーとの絆（きずな）が非常に強いインコです。

おとなしいですが、独占欲が強くやきもち焼きなので、飼い主さんがパートナーの場合は、コミュニケーション不足を感じさせないよう気をつけましょう。

DATA

分類	インコ科
生息地	アフリカ
体長	約14㎝
体重	35～45ｇ
野生の食性	種子
寿命	約15年
声の大きさ	♪♪♪ (3/5)
活動量	♥♥♥♥ (4/5)
くちばしの強さ	●●● (3/5)
気性の激しさ	★★ (2/5)
ケージの大きさ	■■ (2/5)

マメルリハ

【英名】 Pacific Parrotlet
【学名】 *Forpus coelestis*

ブルーやグリーンのワンカラーが♡

手のひらにおさまるサイズが魅力♪

ペットとして飼育されているインコのなかでは、最小サイズのマメルリハ！ 丸みのある小さなボディと鮮やかなカラー、つぶらな瞳に虜（とりこ）になる人も多いのではないでしょうか！

性格は、小さな体とは裏腹に、気が強くてかむ力も強め。一方、遊び好きで好奇心旺盛（おうせい）な一面も。声が比較的小さいので、集合住宅でも飼いやすい鳥種でしょう。

DATA

分類	インコ科
生息地	エクアドル・ペルー
体長	約13㎝
体重	28～35ｇ
野生の食性	種子、果実
寿命	約12年
声の大きさ	♪♫♫♫♫（1/5）
活動量	♥♥♥♥♡（4/5）
くちばしの強さ	●●●○○（3/5）
気性の激しさ	★★☆☆☆（2/5）
ケージの大きさ	■■□□□（2/5）

おっとりなマイペースさん

体に入る「さざ波模様」が印象的なサザナミインコ。独特な前かがみの姿勢でゆっくり歩く動きもチャームポイントのひとつでしょう。

性格は、動きから想像できるようにおっとりとしていてマイペース。ただし、個体によって気性の荒い子もいます。声はとっても小さいですが、自己主張をするときにはやや大きめ。

DATA

分類	インコ科
生息地	中米〜南米
体長	約16cm
体重	45〜55g
野生の食性	種子、花、新芽
寿命	約12年
声の大きさ	♪♪♪♪♪（5段階中1）
活動量	♥♥♥♥♥（5段階中3）
くちばしの強さ	●●●●●（5段階中3）
気性の激しさ	★★★★★（5段階中2）
ケージの大きさ	■■■■■（5段階中2）

サザナミインコ

【英名】 Barred Parakeet

【学名】 *Bolborhynchus lineola*

DATA	
分類	インコ科
生息地	オーストラリア
体長	約19cm
体重	40〜50g
野生の食性	種子
寿命	8〜15年
声の大きさ	♪(1/5)
活動量	♥♥♥♥(4/5)
くちばしの強さ	●(1/5)
気性の激しさ	★(1/5)
ケージの大きさ	■■(2/5)

やさしくて手乗りもばっちり!

ピンク色の羽色が印象深いアキクサインコですが、ノーマルは褐色のナチュラルカラー。どの子も淡くてやさしい色合いが特徴です。

性格も、見た目のように可憐(かれん)でおだやかですが、やや繊細な一面も。鳴き声も小さめです。人になつきやすく、手乗りインコに育てることも比較的かんたんなので、鳥飼いさん初心者にもおすすめでしょう。

アキクサインコ

【英名】Bourke's Parrot

【学名】*Neopsephotus bourkii*

ヨウム

【英名】Grey Parrot
【学名】*Psittacus erithacus*

DATA

分類	インコ科
生息地	アフリカ
体長	約33cm
体重	約400g
野生の食性	種子、種実
寿命	約50年
声の大きさ	♪♪♪♪
活動量	♥♥♥
くちばしの強さ	●●●●●
気性の激しさ	★★★★
ケージの大きさ	■■■■

賢さは随一でおしゃべりじょうず

大型種の代表格といえば、ヨウム。大型種は、すべて「オウム科」と勘違いされがちですが、ヨウムは冠羽がないので「インコ科」の仲間です。

性格は、繊細で用心深く、賢い！ その知能は、人間の5歳児ほどともいわれ、人やほかの鳥と会話ができる子もいるのだとか。訓練しだいでは、100語以上も単語を覚えることができます。

＊2017年1月2日から、ヨウムは国際希少野生動植物の新規指定種になりました。そのため、ペットホテルを利用したり、友人に預けたり、飼えなくなって譲り渡したりする場合には登録票が必要となります。登録は自然環境研究センターに申請して行います。

コガネメキシコインコ

【英名】 Sun Conure
【学名】 *Aratinga solstitialis*

陽気なお調子者♪

オレンジ、イエロー、グリーンとカラフルな羽色で、人気上昇中のインコ。
性格も華やかな見た目通り、とっても陽気。おしゃべりは苦手ですが、非常に人なつっこい性格なので、コンパニオンバード*として注目を集めています。ただし、声は非常に大きめ！　遊びも大好きなので、防音対策や十分に遊ぶ時間をとれるか、よく考えてからお迎えしましょう。

DATA

分類	インコ科
生息地	ベネズエラ南東部
体長	約30cm
体重	約100g
野生の食性	種子、果実、種実、花・つぼみ
寿命	15〜25年
声の大きさ	♪♪♪♪ (4/5)
活動量	♥♥♥♥♥ (5/5)
くちばしの強さ	●●●● (4/5)
気性の激しさ	★★★ (3/5)
ケージの大きさ	■■■ (3/5)

陽気な
派手派手カラー

＊ コンパニオンバード…人とコミュニケーションをとることが好きな鳥のこと。

ホオミドリウロコインコ

【英名】 Green-cheeked Conure
【学名】 *Pyrrhura molinae*

おしゃべりが得意♪

ウロコインコは、「ホオミドリウロコインコ」「イワウロコインコ」など、さまざまな種類がいます。共通の特徴は首まわりのウロコのように見える羽模様！　ペットとして一般的なホオミドリウロコインコは、緑のほっぺに赤い尾羽も特徴です。

性格は、活発でおしゃべりじょうず。活動量も非常に多いため、遊び時間をしっかりとれるライフスタイルの人向けです！

DATA

分類	インコ科
生息地	南米
体長	約25cm
体重	約65g
野生の食性	種子、種実、果実、花
寿命	12〜18年
声の大きさ	♪♪♪ (3/5)
活動量	♥♥♥♥♥ (5/5)
くちばしの強さ	●●●● (4/5)
気性の激しさ	★★ (2/5)
ケージの大きさ	■■■ (3/5)

ゴシキセイガイインコ

【英名】Rainbow Lorikeet
【学名】*Trichoglossus haematodus*

DATA

分類	インコ科
生息地	オーストラリア
体長	約30cm
体重	約130g
野生の食性	花蜜、果実、昆虫
寿命	約20年
声の大きさ	♪♪♪
活動量	♥♥♥♥♥
くちばしの強さ	●●●●○
気性の激しさ	★★★★☆
ケージの大きさ	■■■■□

「五色」の名のとおりに鮮やか！

カラフルな羽色と陽気で人なつっこい性格が人気のインコ。アクティブで遊びも大好き。個体差はありますが、飼い主さんの手のひらの上で遊び転げることも！　ケージ周辺に軟便をするので、こまめなそうじが必要！

モモイロインコ

【英名】Galah
【学名】*Eolophus roseicapillus*

DATA

分類	オウム科
生息地	オーストラリア
体長	約35cm
体重	300〜400g
野生の食性	種子、花・つぼみ、種実、昆虫
寿命	約40年
声の大きさ	♪♪♪♪
活動量	♥♥♥♡♡
くちばしの強さ	●●●●○
気性の激しさ	★★★☆☆
ケージの大きさ	■■■■□

ピンクの羽毛とふかふかな冠羽♪

頭から腹部にかけての桃色の羽が特徴的！頭には立派な冠羽をもつオウム科の鳥さんです。性格は、好奇心旺盛(おうせい)で活発。おしゃべりもじょうずな子が多いです。

オキナインコ

【英名】 Monk Parakeet
【学名】 *Myiopsitta monachus*

DATA

分類	インコ科
生息地	南米
体長	約29cm
体重	100〜120g
野生の食性	種子、果実、昆虫
寿命	約15年
声の大きさ	♪♪♪
活動量	♥♥♥♥♥
くちばしの強さ	●●●●○
気性の激しさ	★★★☆☆
ケージの大きさ	■■■□□

知能の高さは随一！

渋い色合いが人気の秘訣!? 非常に賢く、おだやかな子が多いようです。小柄な体のわりに声は大きめなので、集合住宅では防音対策が必要！

アケボノインコ

【英名】 Blue-headed Parrot
【学名】 *Pionus menstruus*

DATA

分類	インコ科
生息地	ブラジル
体長	約28cm
体重	約250g
野生の食性	種子、果実、花
寿命	約25年
声の大きさ	♪♪♪
活動量	♥♥♥♥♡
くちばしの強さ	●●●●○
気性の激しさ	★★☆☆☆
ケージの大きさ	■■■■□

濃いブルーの頭と深いグリーンのボディ

ふだんはおっとりな子が多い傾向があります。半面、喜怒哀楽がはっきりしているところもあり、飼い主さんに遊んでもらえないと、怒りをあらわにすることも。

シロハラインコ

【英名】White-bellied Caique
【学名】*Pionites leucogaster*

DATA

分類	インコ科
生息地	ブラジル
体長	約23cm
体重	約150g
野生の食性	種子、果実、花・葉
寿命	約25年
声の大きさ	♪♪♪ (3/5)
活動量	♥♥♥♥♥ (5/5)
くちばしの強さ	●●●● (4/5)
気性の激しさ	★★★ (3/5)
ケージの大きさ	■■■■ (4/5)

陽気で活動的ないたずらっ子

おしゃべりは苦手な子が多い鳥種ですが、陽気で愛らしいしぐさをたびたび見せてくれます。頭の羽色が黒い子は「ズグロシロハラインコ」といいます。

アオボウシインコ

【英名】Blue-fronted Amazon
【学名】*Amazona aestiva*

DATA

分類	インコ科
生息地	南米
体長	約35cm
体重	約400g
野生の食性	種子、種実、果実
寿命	40〜50年
声の大きさ	♪♪♪♪ (4/5)
活動量	♥♥♥♥ (4/5)
くちばしの強さ	●●●●● (5/5)
気性の激しさ	★★★★ (4/5)
ケージの大きさ	■■■■■ (5/5)

グリーンのボディに青みがかった鼻

ボウシインコにも「アオボウシインコ」「ウロコボウシインコ」など、いろいろな種類が。“ラテン気質”インコで、おしゃべりじょうずや芸達者な子が多いのが特徴。

ルリコンゴウインコ

【英名】Blue-and-gold Macaw
【学名】*Ara ararauna*

DATA

分類	インコ科
生息地	南米
体長	約86cm
体重	約1000g
野生の食性	種子、種実、果実、花蜜、つぼみ
寿命	50〜100年
声の大きさ	♪♪♪♪♪
活動量	❤❤❤❤(4/5)
くちばしの強さ	●●●●●
気性の激しさ	★★★(3/5)
ケージの大きさ	■■■■■

世界最大級の大きさ!

大きな体格から想像できるように、かむ力が非常に強力なので、お迎えしたらトレーニングは必須です。でも、性格はおだやかでフレンドリーな子が多い傾向があります。声は野太く大きめ!

タイハクオウム

【英名】White Cockatoo
【学名】*Cacatua alba*

DATA

分類	オウム科
生息地	インドネシア
体長	約46cm
体重	約500g
野生の食性	種子、種実、果実
寿命	40〜60年
声の大きさ	♪♪♪♪♪
活動量	❤❤❤❤(4/5)
くちばしの強さ	●●●●●
気性の激しさ	★★★(3/5)
ケージの大きさ	■■■■■

まるでイヌ(!?)のような人なつっこさ

甘えん坊で人が大好きな鳥種。やさしくてフレンドリーな性格ですが、朝夕に雄たけびをあげる習性があり、その声量は相当なもの!防音対策は不可欠です。

ブンチョウ

【英名】 Java Sparrow

【学名】 *Lonchura oryzivora*

DATA

分類	カエデチョウ科
生息地	インドネシア
体長	約15㎝
体重	約25g
野生の食性	種子、昆虫、果実
寿命	8〜10年
声の大きさ	♪♪♪♪♪ (1/5)
活動量	♥♥♥♥♥ (4/5)
くちばしの強さ	●●●●● (1/5)
気性の激しさ	★★★★★ (1/5)
ケージの大きさ	■■■■■ (1/5)

体が丈夫で育てやすい人気鳥！

日本では飼い鳥として一般的なブンチョウ。ブンチョウは、「スズメ目」に属するフィンチです。スズメとは科が異なりますが、姿形は似ています。その特徴は、クリクリとした大きな瞳＆赤いアイリングに、大きなくちばし。人なつっこくて、手乗りになりやすいのも魅力です。

体長10㎝の極小フィンチさん

小さくて愛らしい姿と、小声ながら独特な鳴き声が大人気のキンカチョウ。オスには、オレンジのチークパッチと胸にシマ模様があり、メスにはその特徴がないので、成鳥なら見分けるのもかんたんです。

非常に小柄なため、誤って踏むなどの事故も多発傾向にあります。十分に気をつけてお世話しましょう。

DATA

分類	カエデチョウ科
生息地	オーストラリア
体長	約10㎝
体重	約12g
野生の食性	種子、昆虫、果実
寿命	約10年
声の大きさ	♪ (1/5)
活動量	♥♥♥ (3/5)
くちばしの強さ	● (1/5)
気性の激しさ	★ (1/5)
ケージの大きさ	■ (1/5)

キンカチョウ

【英名】Zebra Finch

【学名】*Taeniopygia guttata*

お迎え前、鳥からのお願い

1 責任をもって迎えてください

鳥さんの暮らしは、飼い主さんのお世話があればこそ。飼い主さんとコミュニケーションをとることが、鳥さんにとって至福のとき。鳥さんの幸せは、飼い主さんにかかっているといっても過言ではありません！

鳥さんを幸せにできますか？

人とくらべると、鳥は体が小さいですよね？　でも寿命は長く、10～20年、なかには50年以上生きる鳥種も。

「鳥さんを飼いたい」と、一時の感情でお迎えを決めるのではなく、まずは飼い主さん自身の10年後、20年後を想像してみてください。想像した未来でも、変わらずにお世話ができるでしょうか？

いっしょに暮らせば、楽しいこともたくさんあるでしょう。しかし、ときには鳥さんの問題行動に悩まされることもあります。それでも、最期のときまでいっしょに暮らし、愛鳥を幸せにすることが、飼い主としての務めです。

家族みんなでかわいがってください

家族がいる場合は、全員が鳥さんを飼うことに賛成していることが必須条件。お世話も家族みんなで協力して行いましょう。また、家族のなかに鳥アレルギーの人がいないかもお迎え前に確認を！

すてきな環境を用意してください

3

鳥さんが快適に感じる環境を用意できますか？　また、危害を及ぼす可能性がある同居動物がいる場合は、生活スペースをしっかり分ける必要があります。

ケージの置き場について → P.52

同居動物との関係

- ○ 猛禽類を除く鳥、ウサギ、ハムスター
- × 犬、猫、フェレット

ふだんはやさしい子でも、動物には本能があります。犬や猫など、自然界で鳥を捕食対象とする動物との同居は避けましょう。

ヒナと若鳥、どっちをお迎えする？

お世話がどれだけできるかがカギ

一般的に鳥は、ヒナから育てれば飼い主さんになつきやすくなり、手乗りになる確率はグンと上がります。「では、ヒナからお迎えしようか！」と思ってしまうかもしれませんが、ストップ！　ヒナと若鳥のどちらをお迎えするか決める際には、飼い主さんがどれくらい鳥さんのお世話に時間を費やせるかが肝心なのです。

ヒナをお迎えする場合、飼い主さんが数時間おきにさし餌（え）をしなければいけません（ヒナの育て方→P154～）。ヒナは体調を崩しやすいため、体調管理にもかなり気を使う必要があります。

- 飼い主さんがさし餌をして育てるため、なつきやすい
- 親鳥やきょうだいといっしょに生活しないため、鳥の社会性を学べない
- 鳥社会を学べないと、人との関係をうまく築けないこともある。ストレスで毛引き（→P.114）をしたり、人を強くかむことも
- 2羽目を将来お迎えするとき、なじめない可能性がある
- 飼い主さんによるさし餌が難しい

若鳥はさし餌を卒業した子

若鳥をお迎えする場合、飼い主さん宅でひとり餌(え)への切り替えがうまくいかないなどのトラブルを防ぐため、多くのショップでは、ひとりでエサを食べられるようになった子を引き渡す傾向があります。

ヒナ、若鳥、いずれにしても、親きょうだいといっしょに育ち、人にかわいがられている子をお迎えするのがいちばんでしょう。

大切な「社会化期」

鳥は若鳥の時期に「社会化期」を迎えます。この時期に体験したことが、のちの性格形成にもかかわります。人やほかの鳥に慣らす、知らないものをこわがらないようにしたりするため、社会化期に多くの人や鳥に会い、いろんなものにふれることが大切です。

- さし餌をしなくていいため、勤めながらでもお世話できる
- 親鳥やきょうだいといっしょに育つと、鳥の社会性が身につく
(ショップによっては1羽ずつケースを分けてしまうことも。その場合は社会性が身につかない)
- 人よりほかの鳥のことを好きになる傾向がある
- さし餌で人の手に慣れていないと、人の手をこわがることも

お迎え

鳥さんのお迎え時期と健康チェック

ヒナのお迎えは、春か秋が◎

自然界では、夏や冬は本来産卵に適さない時期です。ブリーダーのもとでも正常な繁殖がしにくいため、ヒナをお迎えするなら春や秋がよいでしょう。

ヒナはとくに、温度変化によって体調を崩しやすいので、夏や冬にお迎えした場合はより一層、温度・湿度管理に気を配ってください。

また、ヒナでも若鳥でも、お気に入りの子が見つかったら、まずはショップやブリーダー宅の飼育環境、健康状態を確認しましょう。実際にさわらせてもらうことも大切です。人の手をこわがるようであれば、人に慣れていないのかもしれません。

お迎えもとで確認しよう！

飼育環境や健康状態の確認のほか、
気になることはお迎えもとの人にどんどん質問を！

1 環境をチェックしよう

鳥がいるケージはそうじが行き届いていますか？ 古いエサが放置されていませんか？ お迎え後は、これまで過ごしていたケージと同じレイアウトにしてあげるとインコも安心です。

2 その子について確認しよう

誕生日や病歴、性格のほかに、これまで食べていたエサも聞いておきます。環境の変化で体調を崩しやすいので、お迎え後しばらくは同じものをあげるとよいでしょう。

確認すること

- ❑ 誕生日 ❑ 生活サイクル
- ❑ 病歴、検査済みの病気
- ❑ これまで食べていたエサ
- ❑ 性格 ❑ 飼育環境の温度

鳥さんの健康チェックリスト

体

- □ 目がぱっちり開き、目のまわりが汚れていない
- □ 鼻水が出ていない、鼻のまわりが汚れていない
- □ 羽がきれいに生えそろっている（成鳥の場合）
- □ くちばしが変形していない
- □ おしりが汚れていない
- □ 便が正常
- □ せきやプチプチなどの呼吸音がしない
- □ 趾（あし）に力があり、ちゃんと握れる

性格・ようす

- □ 人の手をこわがらない
- □ 元気がある
- □ ごはんをよく食べる
- □ 羽を膨らませていない

注意

性別は間違えやすい！

お迎え時にショップで聞いた性別と、実際の性別が違うことはよくあることです。というのも、若い鳥はオス・メスの判断が難しいため。思っていた性別と違う可能性があることも、頭の片隅にとめておいて！

お迎え

2羽目を迎えるときは

家族がいれば1羽でもさみしくない

インコは、野生では群れで暮らす生き物です。そのため、家で1羽で留守番をしているより、複数羽でいるほうが安心します。しかし、飼い主さんをパートナーと認識している場合、なわばり意識ゆえに、新しいインコを受け入れない子もいます。ペアで飼うことができるラブバードでも、相性によってはうまくいかないケースもあるのです。

2羽目を迎えるときは、安易に考えず、先住の子の性格を第一に判断しましょう。

複数羽で暮らすメリット・デメリット

インコは、さみしがり屋で1羽でいることが基本的に苦手な動物。飼い主さんが不在にする時間が長いなら、たとえ別々のケージだったとしても、近くに仲間がいることで安心感を覚えます。退屈な時間も減るでしょう。ただし、別の鳥種で1つのケージに同居させる場合は相手をかんでしまうことがあるほか、同種の鳥でも相性によっては同居がうまくいかないこともあります。

2羽目のお迎えのしかた

新しい子はまず健康診断を！

新しい子を迎える場合は、感染症にかかっていないかなど、まずは病院で健康チェックを受けてください。健康状態がはっきりするまで、最低1か月間は別の部屋で飼いましょう。

対面させるときは、まずはケージ越しに

最初は、同じ部屋でそれぞれのケージを離して置いて、おたがいの存在に慣れさせて！ 問題がないようなら、新しい子のケージを先住鳥のケージの隣に持っていきましょう。

お世話は先住鳥を優先して

インコはとってもやきもち焼き！ 新しい子を優先して先住鳥がやきもちを焼かないように、エサをあげるのも、ケージのそうじをするのも、いっしょに遊ぶのも、まずは先住鳥から！

しばらくは目を離さないように

おたがいの存在に慣れるまではもちろん、慣れてからもいっしょに放鳥しているときは目を離してはダメ。おとなしい子でも、発情期などのタイミングで攻撃的になる場合もあります。激しいケンカに発展すると、流血する事態にもなりかねません。

BIRDSTORY'S ストーリー

インコ飼いあるある

本は破られて当たり前！
ビリ ビリ
ある！ ある！
リモコンのボタンをガジガジ！ リモコンはいつも消耗品！
カジ カジ
ある！ ある！ キーボードもね！
スキを見つけたらにおいをかいじゃう！
クン クン
ある！ ある！
外出のときに肩にフンがついているのはアクセサリー！
ある！ ある！
ある！ ある！ ありすぎる！
鳥さんの飼い主さんならではのあるある話はおもしろいですね～♪

鳥さんをお迎えしよう

さっそく鳥さんをお迎え！…する前に、
まずは、お迎えの準備をしましょう。
鳥さんと暮らすには、どんなものが必要か、
どんな環境が適しているのかを把握して！

お迎えする前の準備

ケージの外にも、放鳥時に遊べるおもちゃを用意しましょう。飽きないように複数個をローテーションしても！

遊びガイド→P.94

放鳥時に休めるよう、スタンド型の止まり木も用意して。体重測定などでも役立ちます。

体重測定→P.80

お迎えの前にケージの準備を！

ショップなどから鳥さんを引き取る前に用意しておきたいのがケージです。

ケージは、鳥さんが1日の大半を過ごすいわば〝家〟。左ページを参考に、鳥さんがストレスなく快適に過ごせるケージを事前にセッティングしておきましょう。

また、さし餌が必要なヒナをお迎えした場合、最初はP155を参考にヒナ用グッズを用意すればOKです。ヒナがひとり餌に切り替わりケージ飼いになる前に、ケージの準備をしてください。

ケージの準備に合わせて、飼育グッズの準備（それぞれのグッズの選び方↓P46〜）もお忘れなく！

ケージにものを入れすぎていない？

- 止まり木は２本にする
- おもちゃは、端によせて１～２個にする
- 保温器具はケージの外に設置する

おもちゃ

吊るし型おもちゃに羽を引っかけてパニックになることも。鳥さんの性格に合ったおもちゃを選んで。

止まり木

鳥さんの移動の邪魔にならないように設置して。とくにブンチョウは、前後運動ができるように2本の止まり木を離して置くと◎。

温湿度計

健康維持には、温度・湿度管理が必須。室内でも場所によって温度差があるので、ケージのすぐそばに。

保温器具

寒い季節には、保温器具も準備を。やけどをしないよう、鳥さんが直接ふれない位置に。

水入れ

水入れも鳥さんが飲みやすい位置に。ボレー粉（→ P.70）をあげるときは、ボレー粉入れも必要。

エサ入れ

エサ入れは鳥さんが食べやすい位置に！ 止まり木の近くに置くのがおすすめ。

準備

お迎え前に用意しよう

鳥さんの飼育グッズ

エサ入れ・水入れ

ケージにセットでついているものでOK。深くて食べづらそうなら、浅い容器に交換を。

ケージ

鳥さんの体のサイズに合ったものを選びましょう。

くわしくは → P.48

温湿度計

つねに温度・湿度の確認を。ケージのすぐ近くに置くか、ケージに取り付けましょう。

止まり木

さまざまな種類があります。趾（あし）のサイズに合ったものを！

くわしくは → P.49

グッズは機能性重視で選ぼう

鳥さんのお迎えが決まったら、まずは必要なグッズをそろえて、万全の態勢でお迎えしましょう。

お世話グッズは、毎日使用するものなので、デザイン性よりも機能性が大事！

- 鳥さんが快適に感じるか
- 事故の危険がないか
- 飼い主さんがそうじをしやすいか

この3つが、ポイントです。

また、「巣箱を用意したほうがよいのでは？」と感じる飼い主さんもいるかもしれませんが、巣箱は鳥さんの発情を促します。オスでもメスでも、繁殖を考えないのであれば、入れないほうがよいでしょう。

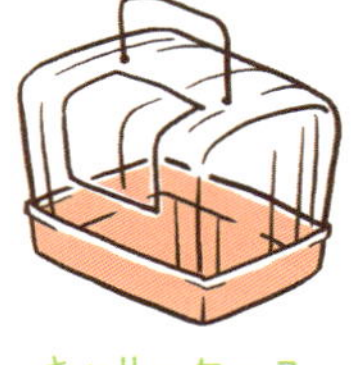

体重計

体重管理は鳥さんの健康維持には欠かせません。1g単位で量れるキッチンスケールがおすすめ。

キャリーケース

お迎え時や動物病院への通院などで必要。鳥さんの体に合ったサイズのものを選んで。

ヒナをお迎えするときに用意するグッズは、P155を見てくださいね！

おもちゃ

素材や形によって、いろいろな種類が。お気に入りを見つけて！

くわしくは→ P.94

保温器具

寒い季節がくる前に必ず用意して！ パネルタイプや電球タイプがあります。

必要になったら用意しよう

菜さし

青菜も健康維持に必要。菜さしにはクリップではさむタイプもあります。

ボレー粉入れ

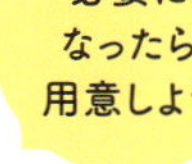

エサ入れとは別に容器を用意して。ケージに固定できるタイプがおすすめ。

そうじ用具

ケージ内外のそうじ専用に用意して。ミニほうきや歯ブラシがあると便利。

ナスカン

くちばしでケージを開けて脱走しないよう、ケージの扉にはナスカンを！

ケージ・止まり木選びのポイント

色

柵の色の違いだけでも、黒や白、ステンレスの銀色などさまざま。塗装剤を使っているケージは、さびた部分をかじってしまうと、金属がとけ出すことがあるので注意しましょう。

使いやすさ

ケージから鳥さんを出すとき、入れるときも、飼い主さんと鳥さんとのコミュニケーションの場です。鳥さんの出し入れのしやすさや、毎日のそうじのしやすさを基準に選びましょう。

ケージの選び方

正面扉が手前に開くタイプは、鳥さんとのコミュニケーションがとりやすい！

フン切り網をはずした際に引き出し口から脱走するのを防ぐため、ストッパーがついていると安心。

大きさ

鳥さんの体のサイズに合ったものがいちばんです。気をつけたいのが、オカメインコなど尾羽が長い子。尾羽が柵に当たらないサイズを用意しましょう。小さすぎると、ケガをしたり、尾羽が傷ついたりする原因になります。

ラブバードをペアで飼う場合は、1羽のときよりも広いケージを選びましょう

フィンチ用（ブンチョウなど）
ケージの大きさ ■□□□□
タテ32×ヨコ26cmほどのケージ。

小型用（セキセイインコなど）
ケージの大きさ ■■□□□
1辺が35cmほどのケージ。

中型用（オカメインコなど）
ケージの大きさ ■■■□□
1辺が45cmほどのケージ。

大型用（ヨウムなど）
ケージの大きさ ■■■■□
1辺45cm、高さが60cm以上、柵の太さが2mm以上あるケージ。

特大用（ルリコンゴウインコなど）
ケージの大きさ ■■■■■
1辺46cm、高さが100cm以上、柵の太さが3mm以上あるケージ。

止まり木の選び方

天然木

成鳥向け。ユーカリやカクタス（サボテンの骨）などの天然素材を、止まり木用に加工したもの。枝の太さが不ぞろいなのが特徴。

人工木

枝の太さが均一に加工されたもの。まだ止まるのがうまくない若鳥におすすめです。

取り付け型

ケージや家の壁に取り付けられるタイプ。ケージの中に取り付ける場合は、手前側と奥側に高低差をつけて設置するのが◎。

スタンド型

部屋の中に、スタンド型の止まり木も用意して。「おいで」をしたり、体重を量ったりするときに役立ちます。スタンドタイプにも、天然木、人工木タイプがあります。

太さ

鳥さんが趾で止まり木をつかんだとき、趾が木の周囲2/3〜3/4を握るくらいが◎。ただし、同じ太さの止まり木にばかり止まっていると、趾の一部に負担が偏ってしまいます。太さが不均一の天然木を使用した止まり木なら、その心配はありません。

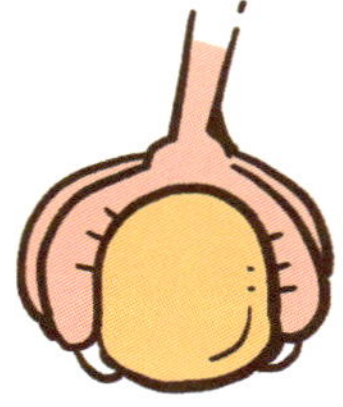

鳥さんのサイズを目安に選ぼう

ケージや止まり木を選ぶ際のいちばんのポイントはサイズです。

小さすぎるケージは、鳥さんがケージを巣箱ととらえ、発情を促すおそれがあります。逆に大きすぎると、放鳥時に部屋に出る楽しみを損なう可能性が…。

止まり木は、細すぎても太すぎても、鳥さんの趾（あし）に負担をかけてしまいます。

準備

ケージを置くのにNGな部屋

人が集まる部屋に置くのがベスト

家の中でケージを置く場所は、鳥さんのためを思って〝静かで落ち着ける場所〟にしようか…と飼い主さんは考えてしまうかもしれませんが、それは間違い。なぜなら、鳥さんはとってもさみしがり屋で、仲間といっしょが大好きだから！

●鳥さんの異変にすぐに気づけるように、人の目が行き届くところ

●さみしくないように、人が集まるところ

ケージは、この2つの条件を満たしている部屋に置きましょう。

複数羽飼いをしているお宅は、おたがいの姿が見られるようにケージを並べて置けば、鳥さんが退屈しませんよ！

ケージを置く部屋チェック

ケージ置き場に適した部屋・適さない部屋をチェック。
鳥さんの気持ちになって、過ごしたい部屋を考えて！

× 玄関

玄関も寝室同様さみしい場所。それに加え、出入り口付近は寒暖差が大きくなりがちなので避けましょう。

× 寝室

静かで落ち着けそうですが、人がめったに出入りしない寝室は、鳥さんにさみしい思いをさせてしまうのでダメ。

× キッチン

火や油を扱う場所は非常に危険なのでNG。ケージが火に近くないとしても、料理であがる煙や、フッ素樹脂加工製品の空焚(だ)きで発生した気体を吸い込んで体調を崩す、死亡するという事故の報告もあります。

○ リビング

在宅中は、エアコンがきいていて、テレビから音が流れ、大好きな飼い主さんが近くにいるリビングがいちばんおすすめ。また、複数人の目があれば、鳥さんの異常にも気づきやすくなります。もちろん室内は禁煙！

さみしい…

ここじゃうるさいから
違う部屋に行こうね

リビングに戻すと
呼び鳴きもおさまり
家族の顔が見える場所が
好きなようです♪

鳥さんに適した温度・湿度

温度　15～25℃
湿度　50～60%

上記は健康な成鳥の目安。ヒナや病鳥なら、もっと温かい環境が望ましいので、ケージ付近を28～30℃に保ちましょう。

ケージは、P.52の条件に加え、キッチンからなるべく離れた場所に置きましょう。また、飼い主さんの就寝時間が遅くて明かりをつけっぱなしという場合、時間になったら鳥さんのケージに遮光できるカバーをかけて休ませてあげて。

ケージはどこに置く？

安全な場所かどうかがポイント！

ケージの置き場所で、もっとも気をつけたい点は、次の2つです。
●事故が起きにくい場所か
●鳥さんの健康を害さないか

口にすると中毒を起こす危険があるものの近くや、寒暖差が激しい窓や出入り口付近を避け、鳥さんがストレスなく過ごせる場所を探しましょう。

ケージのどこか一面が壁に接していれば、鳥さんも落ち着けるためさらによし！

いい場所探してね♪

×ドアの近く

人の出入りが多い出入り口付近は、落ち着けません。寒暖差も激しいのでダメ。

○低い棚の上

ケージは床に直接置くのは避け、人が少しかがんだときの視線と同じ高さにするのがよいでしょう。地震の際に、ケージが落ちないよう対策を。

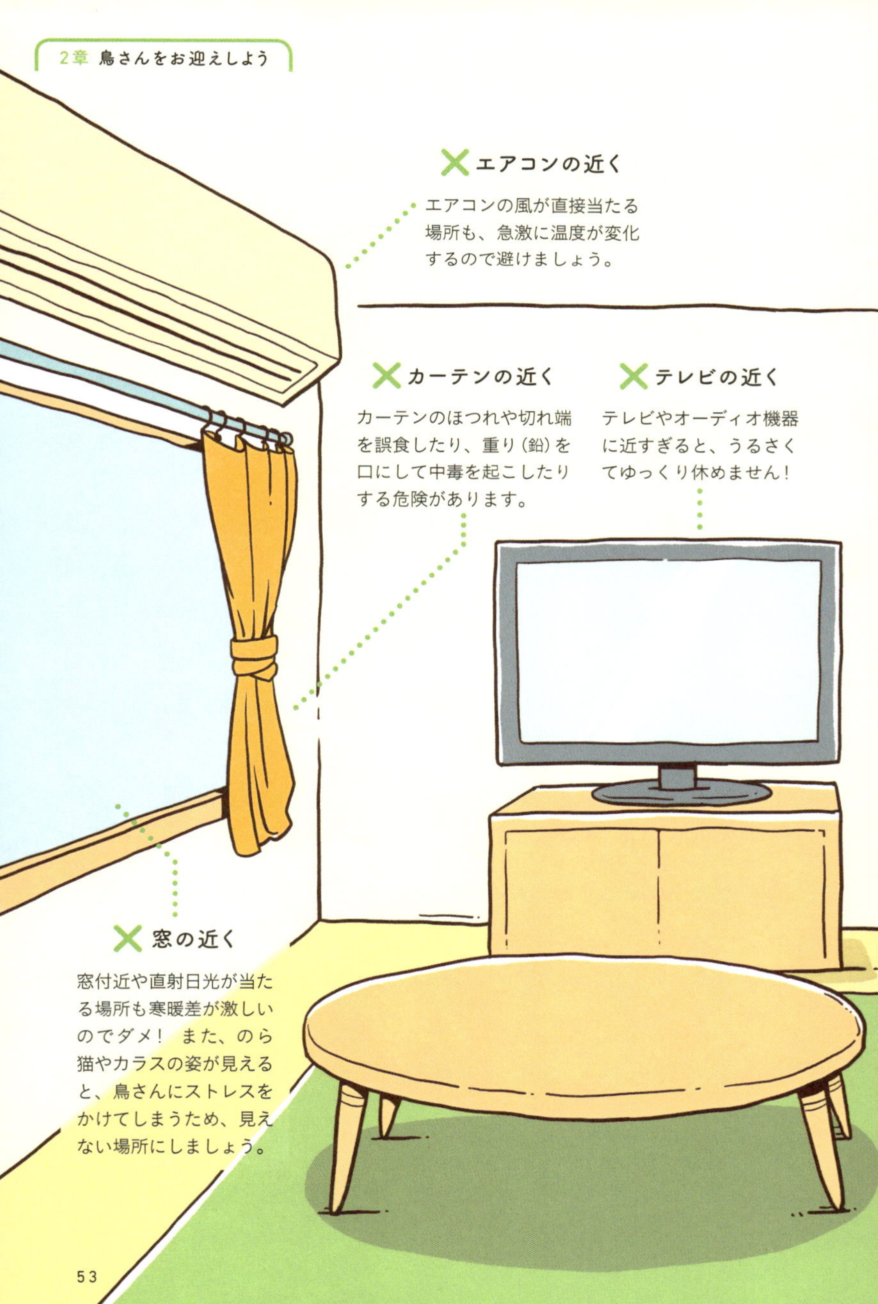
✕エアコンの近く
エアコンの風が直接当たる場所も、急激に温度が変化するので避けましょう。
✕カーテンの近く
カーテンのほつれや切れ端を誤食したり、重り（鉛）を口にして中毒を起こしたりする危険があります。
✕テレビの近く
テレビやオーディオ機器に近すぎると、うるさくてゆっくり休めません！
✕窓の近く
窓付近や直射日光が当たる場所も寒暖差が激しいのでダメ！ また、のら猫やカラスの姿が見えると、鳥さんにストレスをかけてしまうため、見えない場所にしましょう。

準備 お迎え～1週間の過ごし方（若鳥の場合）

初日はようすを見守るのに徹して！

お迎え当日、鳥さんは慣れない移動と、新しいおうちという環境で緊張しているはずです。お迎えもとからはまっすぐ帰宅し、すぐに鳥さんをケージに入れて休ませてあげましょう。

おうちに鳥さんがやってきてわくわくするのもわかりますが、その気持ちはグッとおさえて、初日のスキンシップは控えめに。ごはんをあげたら、あとはかまいすぎないようにしてください。

お迎えして2～3日経てば、鳥さんも新しい環境に慣れてきます。ショップの店員さんやブリーダーさんの接し方にならって、スキンシップをとりましょう。

1day
お迎え

カイロ

持っていくもの

- キャリーケース＋カバー
- カイロ
- アワ穂などのおやつ
- キャリーの底に敷くペーパータオルや新聞紙

お迎えは午前中に行こう！

お迎えに行くのは、午前中がベスト。早い時間にお迎えすれば、いちばん緊張する初日、多くの時間を新しい環境で過ごすことができます。また、午後に鳥さんが体調を崩した場合、動物病院に連れていけるのもメリット。

室温・湿度を これまでと同じに

環境の変化は、体調を崩す原因になります。ショップやブリーダー宅など、これまで過ごしていた環境と同じ状態をつくってあげましょう。

エサと 水をあげる

家への移動中は、なにも口にしていないはず。家に到着したら、まずはエサと水をあげましょう。キャリーからケージに移すときなど、お迎え初日に絶対体重を量って！

初日は静かに見守る

環境に不慣れなうちのスキンシップは、かえって鳥さんにストレスを与えてしまいます。慣れるまでは、声をかけたり遊んだりするのはがまん。

家族全員が そろっている日がベスト

鳥さんがやってくる日は、家族が増える大切な日！ 家族みんなでお迎えしてあげてください。また、緊張とストレスで初日は体調を崩しやすいため、なるべく多くの目で、鳥さんに異変がないか気を配ってあげましょう。ただし、家族みんなで鳥さんを囲んでさわいだりしないように！

日が暮れたらケージに カバーをかける

お迎えもとに、鳥さんの就寝時間を聞いておき、これまでと同じ時間に眠れるような配慮を。カバーをめくってジロジロながめてはダメですよ。

2～3day

名前を呼ぶことからはじめる

名前を呼ぶときは、大声ではなく、やさしく呼んでください。エサや水の交換のときにも、「ごはん替えるよ」などと、声かけしながら行いましょう。

まずは短時間からケージの外に出してみよう

威かくせずに落ち着いているようすなら、ケージの外に数分だけ出してみましょう。人をこわがらない鳥さんなら体重を量り、減っている場合は放鳥を控えましょう。

放鳥について → P.82

ケージから出すときは危険がないか確認を！

お迎えしたらなるべく早く病院へ！

お迎えしたときから、病気をもっている可能性もあります。お迎えが決まったら、鳥を診ることができる病院を探しておき、なるべく早い時期に健康診断で以下の検査を！

- 身体検査
- 糞便検査
- そのう検査
- 感染症検査

毎日時間を決めて放鳥してみる

4~7day

4日〜1週間ほど経つと、鳥さんも新しい環境にだいぶ慣れてきているはず！　朝30分、夕方1時間などと決めて、毎日の放鳥を日課にしましょう。

スキンシップをとってみよう

スキンシップの初歩は、手から直接おやつをあげること。「おいしいものをくれた!」と、人の手や飼い主さんに鳥さんが好印象をもってくれます。

慣れるまでにかかる時間には個体差があるので焦らずに！

新しい環境に慣れたら、いろいろな人に会わせて！

特定の人物だけが、鳥さんをお世話してスキンシップをとっていると、ゆくゆく人見知りの子になったり、「オンリーワン（→ P.117）」の状態になったりしてしまうことも…。それを防ぐには、家族みんなでお世話を分担したり、可能なら、家族以外の人にも会わせたりすることです。多くの経験をすることで、鳥さんに社交性が身につきます。

BIRDSTORY'S ストーリー

ばななとの出会い

わが家のアルビノの
セキセイインコ「ばなな」。
出会いはペットショップでした
まださし餌のヒナで、大きな
ケージに最後の1羽として
残っていたことが背中を押して
くれたのを覚えています

昔、セキセイと
暮らしていた経験は
あったのですが

本やインターネットで
飼育方法を調べると
知らないことばかり

病院の先生に教わったり、
講演会に通ったりして
鳥さんのことをいろいろと
学びました

今では大きな病気もなく
元気いっぱい
飛びまわっています

「いつやるの？」と聞くと、
「今でしょ！」
というおしゃべりも
できるようになり、
毎日笑わせてもらってます

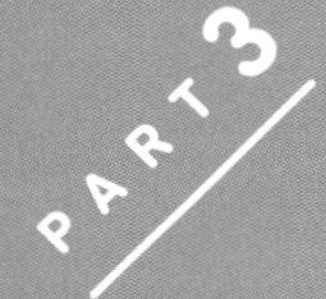

毎日のお世話

毎日の食事、ケージそうじ、
水浴びや日光浴のさせ方に、体のお手入れ…。
鳥さんと暮らすうえで不可欠な毎日のお世話を
見ていきましょう。

1日のお世話を見てみよう

6:00

飼い主さんのお世話

- ケージにかかっているカバーをはずす

7:00

飼い主さんのお世話

- 体重測定
- ごはんと水をあげる
- ケージの中をそうじする

生活リズムを崩さないように

野生では、鳥は日の出とともに起き、日没とともに眠ります。活動時間は、明け方や夕方。昼行性の生き物なのです。

飼い鳥も同じように、朝になったらケージのカバーをとって日の光を浴び、日が暮れたらケージにカバーをかけて眠りにつく生活を送ることが、健康維持の秘訣(ひけつ)。人に合わせて鳥さんまで夜ふかしさせてしまうと、体内時計がくるってしまうので、夜型の飼い主さんはとくに気をつけましょう。

また、ごはんの時間や、放鳥する時間が毎日バラバラだと鳥さんも戸惑ってしまいます。毎日のお世話は決まった時間に行うことを心がけましょう。

日中不在の人は…

夕方に放鳥時間をとれない人は、朝に1時間ほど放鳥時間をとるとよいでしょう。

飼い主さんのお世話

- ❑ 放鳥するなどして、鳥さんといっしょに遊ぶ

飼い主さんのお世話

- ❑ 日光浴をさせる
- ❑ 鳥さんひとり遊びタイム

飼い主さんのお世話

- ❑ ごはんと水の減り方をチェックして、ごはんと水をあげる
- ❑ フンの状態を確認する
- ❑ 放鳥する

飼い主さんのお世話

- ❑ 日が暮れたら、ケージにカバーをかける

日中不在の人は…

仕事をしていて日暮れとともにカバーをかけるのが難しい場合、電気をつけたまま外出をして、時間になるとタイマーで電気が消えるようにしてみるのも手。

成鳥の栄養学

栄養が偏らないように気をつけて

鳥さんは、飼い主さんがくれる食べ物しか食べることができません。栄養不足に陥っても自分で補うことができないので、鳥さんの栄養管理は、飼い主さんにかかっているといえます。

鳥さんのごはんには、必要な栄養がすべてそろった総合栄養食としてペレットがあります。しかし、「うちの子、シードしか食べないの！」という方も多いのではないでしょうか？　シード食では、野菜やカルシウム飼料をいっしょに摂(と)らなければ栄養が偏ってしまいます。

まずは鳥さんに必要な栄養素を知り、バランスよい食事を与えましょう。

鳥さんに必要な栄養素

わが子を健やかに育てるために、飼い主さんが栄養素の知識をもって！

たんぱく質

筋肉や内臓、羽をつくるだけでなく、ホルモンや酵素の材料となるほか、エネルギー源にもなる。必須アミノ酸をバランスよく摂取することが必要。

炭水化物

活動するためのエネルギー源。摂りすぎると脂肪として体にたくわえられる。

ビタミン、ミネラル

三大栄養素の代謝を助ける。どちらもほとんど体内でつくれないので、エサから摂取しなければならない。

脂質

エネルギー源となるほか、細胞の膜をつくったり、ステロイドホルモンの材料となったり、脳の機能を保つ役割も。必須脂肪酸はエサから摂取する必要があるが、摂りすぎると肥満になるので注意！

産卵期や換羽(かんう)期はいつもより栄養が必要なので、ペレットをハイエネルギータイプに切り替えましょう

野生鳥さんの食性

鳥さんの食性は、大きく分けて4つのカテゴリーに分類されます。

穀食性

主食 穀物や種子類

- セキセイインコ
- ボタンインコ
- オカメインコ
- コザクラインコ

果食性

主食 果物や種実類

- 多くのボウシインコ類
- 多くのコンゴウインコ類

果物だけではなく、穀物も食べますよ！

しかし、多くの鳥は4つの食性を越えて、いろいろなものを食べています。

くわしくは、インコ図鑑 → P.16～

蜜食性

主食 花粉や花の蜜

- ローリー、ロリキート

ローリー、ロリキートとは、ヒインコ科に分類されることもあるインコ。花の蜜や、やわらかい果実を食べるため、舌の先端がブラシ状になっている。

雑食性

主食 植物や虫

- 多くのバタン類
- ブンチョウ

バタン類とは、オウム目オウム科のなかで、コバタン、キバタン、タイハクオウムなどの白色のオウムや、テリクロオウムなどの黒色のオウムを指す。

毎日の食事

飼い鳥の食事

主食と副食、サプリメントの組み合わせで、
必要な栄養を摂れるように与えましょう。

主食

シードor総合栄養食のペレット、どちらかを主食に。

シード→P.66 ペレット→P.68

おやつ・サプリメント

おやつはごほうびとして、サプリメントは栄養補給にあげて。

くわしくは→P.70

副食

不足する栄養を補うのが目的。野菜やカルシウム飼料のこと。

くわしくは→P.70

主食にはシードかペレットを

鳥さんの毎日の食事には、シードかペレットが適しています。さらにそれだけでは足りない栄養を、副食やサプリメントなどで補いましょう。

鳥さんになにをあげたらよいかがわかったら、次は食事のあげ方です。

朝夕の1日2回など、時間を決めて食事管理を。食べ残しの上につぎ足したりせずに、全部捨てて新しいものをあげましょう。シードやペレットは傷みやすく、暑い季節には虫がわくことも…。密閉容器に入れて、涼しいところで保管してください。

また、水もエサをあげるときにいっしょに交換してあげると衛生的です。

いっしょにダイエットしましょ

1日の量

1日の量は、だいたい体重の10%が目安といわれますが、鳥種や成長過程によって異なります。1日何g食べているか量り、その子の適量を獣医師に相談するのが安心！

体重に合わせて調整

毎日体重を量り、エサの量に過不足がないかを確認。産卵や換羽期（→P.124）は体重が増減するので、変化に応じてエサの量を調整しましょう。

飲水量について

飲む水の量は、インコまかせで問題ありません。ただし換羽期や発情期でもないのに、急に飲む量が増えた場合は、糖尿病、腎疾患などの病気の可能性も。量が多い場合はメモして獣医師に相談しましょう。

主食がシード食なら

栄養不足とカロリー過多に注意

鳥さんの主食として一般的なのはシードです。選ぶポイントは、次の2つ。

- いろいろな種類が入った混合シード
- 皮つきのもの

混合シードにする理由は、ヒエだけ、アワだけなど、種類が限定されてしまうと栄養不足になるため。皮つきにするのは、皮が剥(む)かれたものより栄養価が高いだけでなく、皮を剥くこと自体、鳥さんにとって楽しい作業だからです。

シードを与えるときは

主食をシードにするなら、絶対に守ってほしいことが2つあります。これらが守られないと、インコが栄養不足に…。

偏りなく食べているか確認を

混合シードをあげている場合でも、すべてのシードをまんべんなく食べているとは限りません。カナリーシードなど嗜好(しこう)性の高いシードだけを選(え)り好みして食べる子もいます。それでは栄養が偏ってしまうため、ごはんの交換の際に、偏りなく食べているか確認を。

副食もいっしょに与える

毎食しっかりシードを食べていても、絶対に不足してしまう栄養素があります。それが、ビタミンやミネラル。シードを主食とするのなら、緑黄色野菜やカルシウム飼料、サプリメントなどといった、ビタミン・ミネラルを補えるものもいっしょに与えなければいけません。

基本のシード

ヒエ、アワ、キビ

低カロリー、低たんぱく。皮つきのものを選んで。キビは粒が大きく消化しにくいため、胃腸が弱い子はキビ抜きの混合シードがおすすめ。

カナリーシード

上の3種とくらべて、高たんぱくでやや脂質を含む。好んで食べる子が多いので、カナリーシードばかり食べていないかチェックを。

混合シード

混合シードとは、ヒエ、アワ、キビ、カナリーシードなどがブレンドされたもの。ここに挙げた基本のシードがブレンドされたものを選ぶと◎。

おやつとして

ヒマワリ、麻の実

高カロリー、高たんぱく。脂質も多いので食べすぎは肥満のもと。たまのおやつにとどめて。

アマニシード

必須脂肪酸であるα（アルファ）リノレン酸を多く含み、体によい。ただし、脂質が多いので食べすぎは禁物。

エンバク、ソバ

低カロリー、たんぱく質をやや多く含む。やわらかく消化しやすいため、胃腸が悪くなったときによい。

食事

主食をペレットにするには

理想は総合栄養食のペレット

ペレットは、鳥に必要な栄養がすべて含まれた総合栄養食です。そのため、鳥さんの主食とするなら、シードよりもペレットが理想です。ただ、これまでずっとシード食だった子は、ペレットをなかなか食べてくれないケースもあります。基本的にはペレットとシードは別々で与え、ペレットを食べているようならシードを減らします。ペレットに口をつけない子は、シードにペレットをまぶして味に慣れてもらうのも手。

ペレットは、小型種用、大型種用、フィンチ用など種類が豊富。各種、色や食感も異なります。鳥さんが食べてくれるものを根気強く探してください!

シードからペレットへ切り替えるには

切り替えに焦りは禁物!
切り替え中は、ちゃんと食べているか体重を量って。

根気強く!

かたくなに食べてくれないこだわり派の子もいますが、あきらめずにいろいろなペレットを試してみましょう。

一気に替えない!

鳥は食べるものにこだわりが。急な切り替えだとなかなか食べてくれません。ペレットをちゃんと食べているか確認しながら切り替えを。

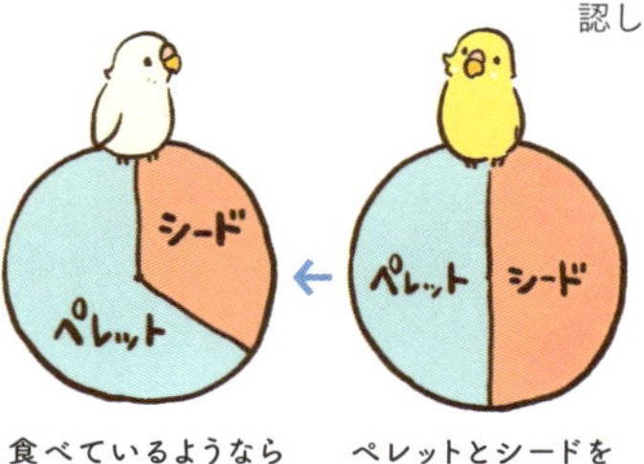

ペレットとシードを別々に与える

食べているようならシードを減らそう

ペレットを主食、シードをおやつとしても!

ペレットの種類

色

シードからの切り替え時、カラフルに着色されたカラータイプなら、色に興味をもって口に入れる子もいます。ただしカラータイプはフンに色がつきやすいので、最終的には無着色のナチュラルタイプにするのがおすすめ。

体調別

獣医師と相談して、体調に合ったペレットを与えましょう。

ハイエネルギータイプ

高たんぱく、高脂肪。換羽（かんう）期や発情期など、エネルギーが必要な時期に。

ダイエットタイプ

低脂肪。肥満傾向の鳥さんに。

療法食

それぞれの病気に必要となる栄養を配合したもの（獣医師の処方が必要）。

大きさ

中型〜大型の鳥さんや、くちばしが大きい子、かじる遊びが好きな子にはかみごたえがある大粒タイプを。小型の鳥さんや、かむのが好きではない子には、食べやすい小粒タイプを与えて。

小粒派です

いろいろな種類があるので、
１種類試して食べなくても、
ほかに食べるものを
探してみましょう

食事

副食とおやつのあげ方

緑黄色野菜で栄養を補おう

シードが主食の場合、それだけでは栄養が足りないため、必ず野菜やカルシウム飼料などを与えなければいけません。

鳥さんは、野菜を食べることでビタミンやミネラルを補給します。緑黄色野菜が適していて、とくに小松菜やチンゲン菜がおすすめ。カルシウム不足を補うためには、カトルボーン（イカの甲を乾燥、加工したもの）やボレー粉（カキの殻を焼いて砕いたもの）を与えましょう。

また、ペレットが主食だったとしても、野菜は必要。かじることで、インコに食の楽しみを与えることができます。カルシウム飼料は、ペレット食の子には不要です。

野菜の中でも食べてよいものと、食べると危険なものがあります。安全なことを確認してあげましょう。

危険な食べ物 → P.72

小松菜　チンゲン菜　にんじん

そのほか
- パセリ
- 大根の葉
- 豆苗
- かぶの葉
- パプリカ
- 水菜　など

カルシウム飼料

ボレー粉　カトルボーン　ビタミン剤

シード食の子には、カルシウム飼料とビタミン剤を毎日与えて。

飼い鳥には塩土を与えるのが一般的と思われがちですが、塩土は胃腸障害を起こしやすいので与えないように！

おやつは"特別なとき"用で！

おやつをあげるのがいけないわけではありません。コミュニケーションの手段としておやつは必要です。ただ、日常的にあげていると、あっという間にぽっちゃり鳥に。おやつの特別感もうすれてしまいます。おやつは、ここぞというときの"ごほうび"として、有効活用しましょう。

おやつのタイミング

たとえば、ケージに戻らない子がすんなり戻った、「おいで」ができたときなどに"ごほうび"として使いましょう。

- コミュニケーションの一環
- トレーニングのごほうび
- 病気のときの体力回復

果物・ドライフルーツ

糖分や水分量が多いので、おやつのスタンダードとしてあげるには不向きです。あげるときは、ほんのひとかけらにして！

アワ穂（ほ）

自分で枝からとって食べるので、いつもの主食よりも遊び感覚で食べられます。あげすぎると栄養が偏るので気をつけて。

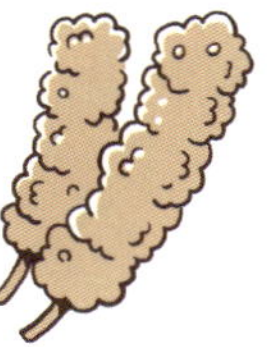

ヒマワリ・麻の実

高カロリー、高脂質なので、あげるならほんの少しだけ、特別なときにあげましょう。

お菓子タイプシード

シードをシロップで固めたおやつも販売されています。嗜好性が高く、高カロリーなので特別なおやつとして使って。

おやつ

ふだん食べているシードでも、「いい子だね」と、インコをめいっぱいほめながらあげれば、ほめられたうれしさと相まって、立派なおやつになりますよ。

おやつも1日の食事量に！

飼い鳥は、野生の鳥とくらべて運動不足になりがち！ 太りやすいので、おやつをあげたら、その分、ごはんの量を減らしましょう。

食事

鳥にとって危険な食べ物

食べると命にかかわる食品もある！

上に挙げた「絶対ダメ」な食品は、鳥さんが口にすると中毒を起こし、最悪の場合、死に至ることもある危険な食品です。部屋に放置していて、意図せず鳥さんが食べてしまったという事故にも気をつけて。

「与えないほうがよい」食品は、毒ではありませんが、長期的に摂取すると体に影響が出ます。わざわざ食べなくてよいものなので、与えないようにしましょう。

上に挙げたもの以外でも、安全だと確認がとれたものだけをあげるようにしましょう。また、万が一、危険なものを食べてしまったときは、すぐに電話で獣医師の指示を仰ぎ、病院へ向かいましょう。

これらの食品

人の食べ物はNG

与えないほうがよい

△ パン

△ ご飯

× アルコール

× コーヒー・お茶

そのほか

- ホウレンソウ（毎日はダメ）
- ブロッコリーの花芽
- カリフラワー

観葉植物にも気をつけて！

植物のなかには、食べると死に至るものもあります。危険な植物すべてを把握するのは現実的ではありません。誤食を防ぐには、鳥さんがふれられる場所に、安全かわからない植物を置かないこと。どうしても動かせない場合は、植物を布で覆うなど対策をとって！

- アマリリス
- シャクナゲ
- スズラン
- チューリップ
- アサガオ
- ポインセチア
- ポトス
- ユリ …etc.

植木鉢の土も食べちゃダメ！

お世話

そうじで快適空間を保とう

ケージまわりは毎日そうじを！

ケージの中は、鳥さんが1日のうち、ほとんどの時間を過ごす場所。それなら、きれいに保ってあげたいですよね。

汚れたままの環境は、呼吸器疾患などの病気をまねく原因になります。脂粉（しふん）、抜けた羽、排せつ物などで汚れがちなので、ケージまわりと合わせて毎日そうじをして清潔を保ちましょう。

そろえておきたいそうじ用具

ミニほうき・ちりとり
ケージまわりをサッと掃くのに便利。

雑巾
ケージと周辺の拭きそうじに。

消毒剤
ペット用のものを使いましょう。

マスク
細かいフンを吸い込まないように！

歯ブラシ
柵のすき間など、細かい箇所のそうじに役立ちます。

ヘラ
フン切り網についたフンを落とすのに使います。

毎日やって

食器類の洗浄

エサ入れと水入れは、サッと洗っただけではぬめりが残ってしまいます。しっかり洗ってください。

ごはんと水の交換

食べ残し＆飲み残しは毎食捨てて、新しく入れてください。食べ残しの上からつぎ足してはダメ！

ケージ底に敷く紙の交換

ケージ底に敷いた紙は、毎日交換を。そのとき、排せつ物に異常がないか確認をしましょう。

週1回やって

フン切り網のそうじ

フン切り網についたフンは、ヘラを使ってしっかり取り除きましょう。そのとき、ケージ底の引き出しの中も、拭きそうじして！

月1回やって

ケージを分解して丸洗い

まずは鳥さんをキャリーケースなどに移動させましょう。食器類などをすべて出し、ケージを細かいパーツまで分解します。

パーツを水洗いしましょう。細かい箇所は、歯ブラシで！

洗い終わったら、熱湯消毒をしてから、水気を拭き取り、日光に当てて乾かします。生乾きだとカビが生えるのでしっかり乾燥を。

お世話

安全に水浴びしよう

水浴びは、遊びの一種

水浴びは、必ずさせなければいけないことではありません。遊びのひとつとして好んで行う子もいますが、まったく興味を示さない子、ときどきなら…という子もいます。自らやらないなら強制する必要はないので、「この子、水浴びしないタイプなんだな」と思っておきましょう。

また、率先して水浴びをする子でも、体調不良のとき、薬の飲水投与時、冬場は水浴びさせるのは控えてください。

水浴び、好きなんだよね？

水浴びのススメ

容器はフタなしのものを使おう

フタがついた容器だと、鳥さんが外に出られなくなり溺死事故につながるおそれが。フタがない浅い容器がおすすめです。

お湯を使ってはダメ

お湯を使うと、羽毛を覆う皮脂を溶かしてしまいます。すると、保温効果が損なわれ体調を崩すおそれが！ 必ず水で行いましょう。

病鳥や足が弱くなっている鳥さんには行わない

病鳥や足が弱くなっている鳥さんは、事故につながる危険があります。水浴びが好きな子でも控えましょう。

お世話

日光浴で健康的な体づくり

毎日の日光浴で健康維持！

日光浴のもっとも大切な効果は、鳥さんの食事ではなかなか摂取できないビタミンDが体内に生成されることです。毎日1回30分を目安に、網戸越しに行うか、外の環境をこわがらない子ならケージを屋外に出しましょう。

ただし、体調が悪いときには無理に行わなくても大丈夫。また、冬季は鳥インフルエンザの感染を防ぐために、野鳥がそばに来るときは屋外での日光浴を控えましょう。

日光浴の効果

- カルシウムの吸収に必要なビタミンDが生成される
- 自律神経やホルモンのバランスが整う
- 気分転換になる
- 代謝がよくなる

日光浴は、インコの健康のためには必要不可欠。飼い主さんが日中不在で難しい場合は、太陽光ライトの活用を。

ほかの動物が来ないか見守る

猫やカラスなどがケージの近くに来ないかチェック。目を離してはいけません。

日中不在の人は…
鳥や小動物用の太陽光ライトでも、日光浴に近い効果が得られます。日中の日光浴が難しいなら、ライトを使用して。日が暮れる時間にライトが切れるよう設定を。
ガラス戸は開けておく
ガラス戸越しに日光を浴びても、紫外線がカットされるので栄養は生成されません。ガラス戸を開けて網戸越しに浴びさせて。
影になるところをつくる
インコが暑いと感じたら自分で日陰に移動できるよう、ケージ全体が日光に当たらない場所に置きましょう。

お世話

体重や食べた量を記録しよう

体重測定を毎日のお世話の一環に！

肥満は万病のもとですし、急激にやせるのも、病気が隠れている可能性があります。体が小さい鳥さんにとって、たった数gの変化であっても油断できません。50gの鳥さんの場合、5gは人間でいう5kgほど！こう考えると、たった5gでも、大きな変動ですよね。

鳥さんの体型は、さわったり体重を量ったりして判断しますが、飼い主さんがさわって判断するのは難しいので、毎日朝いちばんの体重を量って確認しましょう。

そのほか、食事量、飲水量、気づいたことも毎日ノートに書いておくと、病院で聞かれたときに役立ちます。

体重の量り方

or

＼慣れたら…／

鳥さんは、見慣れないものをこわがる傾向があります。体重計をこわがるようなら、まずは止まり木に乗せたり、プラケースに入れた状態で量りましょう。

POINT

適正体重（体重の目安➜ P.16～）は、個体差があるので獣医師と相談を。体重は、1g単位で量れるデジタル表示のキッチンスケールを使用して。

毎日の記録

健康なときの記録は、基準になるよ！

少しでも気になることがあったら記録しましょう！　いつから食欲が減っているのか、フンのようすがどう変わったのかなどがわかると、診療の助けになります。

お世話シート → P.190

月／日	体重	食事量	飲水量	気づいたこと
4/1				
4/2				
4/3				
4/4				

「体重」は毎日記録をしましょう。体重の増減があるときは、「食事量」も記録して。「飲水量」や「気づいたこと」は、気になることがあるときに記録を！

① 体重

エサを食べる前後、排せつ前後でも体重は異なります。おすすめは、朝エサを食べる前に量ること。朝食前に量れなくても、測定時間は毎日同じにして。

② 食事量

皮つきシードを与えている場合は、朝決まった量のエサを入れたら、交換時に皮を吹いて除き、残った量を測定。その量を、朝入れた量から引き算して求めます。

③ 飲水量

安定していれば毎日量る必要はありません。水をがぶ飲みしているときや、オシッコが多いときは測定を。朝あげた量から、交換時の残量を引き算します。

④ 気づいたこと

換羽（かんう）している、メスなら座り込み、発情のポーズ、産卵など、オスなら吐き戻し、おしりのすりつけをするなど、気がついたことがあれば記入しましょう。

お世話

安全な放鳥のしかた

放鳥するときのポイント

1～5に挙げるポイントを守って、
鳥さんに快適＆安全な放鳥を心がけましょう。

1 ドアや窓を開けっぱなしにしない

ドアや窓がしっかり閉まっていることを確認してから放鳥しましょう。とくに窓が開いていて、そこから外に出てしまうと一大事です。放鳥する前に、家族の人にもひと声かけてください。窓にぶつからないよう、カーテンを閉めるのも忘れずに。

2 時間の長さより質を重視

事故防止のためだけでなく、せっかく鳥さんと遊ぶ時間ですから、“ながら放鳥”はやめましょう。鳥さんと向き合って、真剣に遊んであげれば、鳥さんも楽しいはずです。

3 すき間をふさぐ

せまいところを鳥さんは巣と認識します。発情を促すきっかけになるので、引き出しや鳥さんが入りそうな棚のすき間などは全部ふさいでから放鳥しましょう。

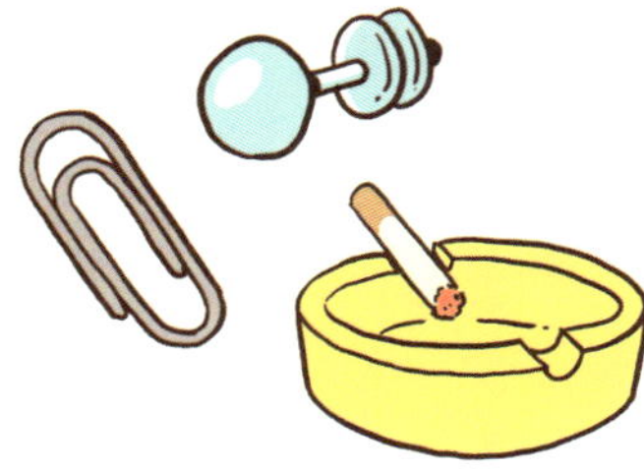

4 危険なものは片づける

クリップやピアスなどの誤食しやすいもの、タバコなど中毒を起こすものは片づけてから。鳥さんの誤食事故は、そこにものを置いておいた飼い主さんの責任です。

5 運動不足の解消に

飼い鳥は、どうしても運動不足になりやすいものです。放鳥は運動不足解消のためにも日課にしたいもの。部屋の中に、止まり木やおもちゃを設置して、楽しい遊び場を提供してあげて！

放鳥は鳥さんの楽しみのひとつ

放鳥は毎日の日課にしたいこと。朝30分、夕方1時間など時間を決めたら、なるべくその時間を守るようにしましょう。

仕事などで夕方不在のお宅は、朝の放鳥時間を1時間とるなど、生活スタイルに合わせた工夫を。家族がいる場合は放鳥中にドアが開いたりしないよう、前もって「今から放鳥する」と伝えることも大切です。

お世話

爪切りのしかた

無理に行わない！

爪切りは、なるべく自宅でできるようになりたいところですが、鳥さんによってはどうしても難しい場合もあります。
無理につかまえようとして鳥さんと飼い主さんとの関係が悪化しては元も子もありません。難しい場合はあきらめて、獣医師にお願いするのも一案です。

鳥さんのトラウマにならないように！

避けなければいけないのは、飼い主さんの手がトラウマになってしまうこと。「手＝いやなこと」と覚えられてしまうと、関係を再構築するのに苦労します。爪切りをしたらおやつをあげるなど、手によい印象をもってもらう努力も必要です。

爪切りの約束

力をこめるのはもちろんダメ。かといって、
やさしすぎても安定しません。力加減と慣れが大事です。

こわがりなら行わないこと

「うちの子、とってもこわがりなの」という性格なら、爪切りで飼い主さんの手を敵対視してしまう可能性も。あきらめて動物病院にお願いしましょう。

いやがるようなら無理をしない

いやがって暴れるようなら、仕切り直しです。しつこく挑むと飼い主さん自身がきらわれるので、また後日、再チャレンジを！

止血剤を用意して！

誤って血管を切ってしまうこともあり得ます。そのため、絶対用意しておきたいのが止血剤。止血剤は、犬や猫用に販売されているものでOKです。粉状の止血剤を数秒、出血部につけます。しばらくしても出血が止まらないようなら、動物病院へ。

出血している → P.183

小型・中型インコ、ブンチョウの爪切り

道具

工具用のニッパーか、小動物用の爪切りがおすすめです。血管を切らないように、爪の先端の細い部分を切りましょう。

切る位置

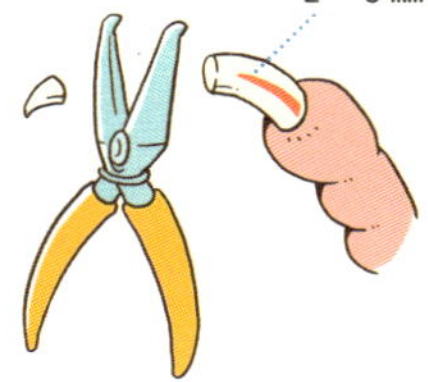

親指と薬指で爪を持つ

手早くケガをしないように進めて。1日で全部の爪を切るのが難しかったら、ほかの日に続きをしてもOK。

大型インコの爪切り

保定(ほてい)をして爪切りするなら

2人1組で、1人がインコをしっかり支えましょう。タオルで顔を隠して、だれが切っているかわからないようにするのがポイント。

止まり木に止まっているときに

大型インコは、保定(ほてい)なしで切れるようにトレーニングするのがいちばん！ 止まり木に止まっているときにすばやく切りましょう。切ったあとにはごほうびを。

BIRDSTORY'S ストーリー

脱走注意！

投稿！

セキセイインコ・くぅちゃん

急いで帽子をとって
ふだんの格好になり、なんとか捕獲！
無事帰還して今日に至っています

放鳥中の窓開け…
とても反省しました
みなさまもお気をつけて…

インコと遊ぼう

おしゃべりしたり、いっしょに遊んだり、
鳥さんと遊ぶのって、楽しい！
飼い主さんが鳥さんとコミュニケーションを
とればとるほど、絆も一層深まりますよ！

遊び

手乗りインコにするために

もっともっと絆を深めよう

インコの幸せは、飼い主さんとのコミュニケーションから生まれます。手乗りになれば、コミュニケーションの幅も広がり、より濃密な関係を築けるはず。

左ページのステップにしたがって、手に慣らしていきましょう。うまくいかずに飼い主さんが焦ると、その緊張がインコにも伝わってしまいます。インコのペースに合わせてゆっくりと、を心がけましょう。

コミュニケーションの手段として

手の上での食事から、ニギコロまで♡　インコと飼い主さんの距離がぎゅっと縮まります。また、おもちゃだけでなく直接ふれあって遊ぶことができるので、遊びのバリエーション（➜ P.98～）も増えますよ♪

毎日の健康チェックのために！

体全体をさわって、まんべんなく健康チェックができます。いざ治療や看護のために体を保定する際も、あらかじめ人の手に慣れていれば、インコにとってストレスになりません。

人の手に慣れておらず、人になついていない「荒鳥」の場合、時間がかかることも。無理強いは禁物！

手乗りへの道 STEP1・2・3

「手はこわくない」ということを覚えてもらいます。
インコが手に慣れるまで、時間をかけて根気よく練習しましょう。

1 近づいても逃げない関係づくり

いきなり手でつかむのは警戒されるのでダメ。まずはインコとの距離を縮めましょう。放鳥中などインコがリラックスしているときに、そっとそばに近づいて。名前を呼ぶなど声をかけて、飼い主さんがそばにいることに慣れてもらいます。

おやつ作戦

大好きなおやつで誘導します。「おやつを食べにきたら、手の上にいた」という経験をくり返し、手に慣れてもらう方法。

2 人さし指をそっと出す

「乗って」や「おいで」と声をかけながら、人さし指を差し出します。指の位置は、鳥さんが足をかけやすいおなかの下あたり。動かさずにじっと待ちましょう。鳥さん自ら「指に乗りたい!」という気持ちにさせることが重要です。

3 片足が乗ればOK

片足を指にかけてくれたら、手乗りに成功です! 両足で乗ったあとは、こわがっていないかようすをチェック。指から降ろすときは「降りて」と声をかけましょう。このステップを何度もくり返せば、手乗りをマスターしてくれます。

指や肩ではなく頭に来る鳥さんは…

「自分のほうがえらい」と思っているのかも。飼い主さんの目線より高い位置には乗せないように注意しましょう。

おしゃべりでコミュニケーション

なぜおしゃべりをするのですか？

ヨウムなどの大型種はおしゃべりが得意。言葉をたくさん記憶して、状況に合わせて言葉を選び会話をする子もいます。

声マネは難しいけど、音マネならできる子も。飼い主さんが反応してくれる家電の音マネは、楽しくてしかたありません。

おしゃべりが苦手でも、コミュニケーションをとりたいのは同じ。飼い主さんがインコの声マネをしてあげましょう。

おしゃべりを練習しよう

インコが飼い主さんの声マネをするのは、同じ言葉を使ったおしゃべりをすることで、コミュニケーションをとりたいからです。飼い主さんが正しく教えてあげれば、おしゃべりが上達するはず。

ただし、おしゃべりのレベルは鳥種によってさまざま。一般的に、大型種やオスのセキセイインコはおしゃべりが得意、オカメインコは歌がじょうず、コザクラインコなどは声マネが苦手といわれています。もちろん性差や個体差もあります。

「おしゃべりできたらうれしいな♪」というくらいの気持ちで、コミュニケーションの一環として楽しく練習しましょう。

\ 投稿! /

だまされた

ワカケホンセイインコ・リンちゃん

おしゃべりじょうずな鳥さんを目指して

状況に合ったおしゃべりができるように、朝は「おはよう」、眠るときは「おやすみ」、出かけるときは「いってらっしゃい」*、帰宅したら「おかえり」*と、感情を込めて話しかけましょう。

＊ インコに覚えて(言って)もらいたい言葉なので、「いってきます」「ただいま」は×。

言葉の覚えなおしは難しい!

ついつい感情がこもってしまう悪口や怒り声などは、インコにとって覚えやすい声。一度覚えた言葉を矯正することは難しいので、使ってほしくない言葉は、インコの前で口に出さないように気をつけて。

遊び

スキンシップのとり方

鳥さんはさみしいのが大きらい

野生ではつねに仲間といっしょにいる鳥さんにとって、スキンシップは当たり前のもの。孤独は大の苦手です。

しかし1羽飼いの場合、鳥さんがスキンシップをとる相手は飼い主さんのみ、しかも1日中いっしょにいてくれない…。鳥さんはさみしさでいっぱいです。そのぶん、同じ空間にいるときは、積極的にスキンシップをとりましょう！

おやつを手渡し

手をこわがる子も、ケージ越しの手渡しなら食べてくれるかも。くり返すうちに手への恐怖心が消えれば、手乗りへの第一歩となります。

ケージ越しに

好きなおもちゃを用意する

お気に入りのおもちゃを見せて、インコが興味を示したらケージに入れてあげましょう。ケージの中でも楽しいことがある、と感じてもらいます。

声かけ

言葉のスキンシップは重要。別の部屋にいるときも、随時話しかけてあげましょう。人間どうしだけで会話が盛り上がると、疎外感を抱くので気をつけて。

放鳥中に

カキカキはスキンシップの第一歩！

カキカキとは羽づくろいのこと。インコは大好きな相手に羽づくろいをしてあげます。飼い主さんが羽づくろいをしてあげれば、インコともっと仲よくなれますよ！

おすすめカキカキPOINT

好きな場所は耳、首、のど。やさしくカキカキしてあげると、目をトローンとさせて気持ちよさそうにします。おしりやしっぽ、羽はデリケートなのでさわらないで。

鳥さんといっしょに遊ぶときの3か条

鳥さんは楽しいことが大好き！
飼い主さんといっしょに遊べばおもしろさ倍増です！

くわしくは → P.98〜

1. 鳥さんの**気分がのっている**ときに！

遊んでいる最中に、頭をブンブンと上下に振ったら、「これ、楽しすぎる！」とノリノリの証拠♪

2. 遊ぶときは**飼い主さんも全力**で

3. 鳥さんが**飽きる前**に切り上げよう

「また遊びたい！」と次への期待をもたせるため、インコが楽しそうにしている最中に遊びを切り上げて。

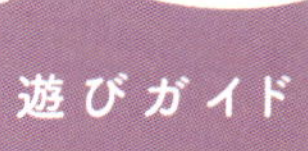

どんな素材がお好き？

どんな素材が好きかは、インコそれぞれ。遊ぶときは、インコが素材の切れ端を誤ってのみこんでしまわないように気をつけて！

紙

ティッシュや新聞紙は、くちばしで引きさいて楽しめます。

木

つまようじやわりばし、コルクなど、かじって破壊できるもの。殺菌処理済みのものを与えましょう。

プラスチック

ペットボトルのキャップや、ガチャガチャのカプセルなど。かんだり穴を開けたり、乗ったりして遊びます。

布

革や綿、デニムはかじる用。飼い主さんの古着だと興味をもちやすいかも。飾りボタンなどははずして。

その他

音が鳴る鈴や、くわえて遊べる綿棒などもおすすめ。ゴムのボールは、ふみ心地がおもしろい♪

お気に入りのおもちゃは発情を促すおそれも！

1つのお気に入りおもちゃに執着する鳥さんは、それがきっかけで発情してしまうことがあります。お気に入りを見つけることは大事ですが、1つではなく複数をローテーションして遊ばせて。

ひとり遊び

破壊♡

野生で木の皮を剥(は)いで遊んでいたインコは、破壊することが大好き。壊れてもよいおもちゃを与えれば、くちばしの力を最大限発揮して、夢中でカジカジして破壊活動を楽しんでくれます。

消耗系おもちゃは手づくりしても！

鳥さん好みの素材を組み合わせて、自作するのが経済的。段ボールにヒモを通すだけでも完成します。ただし、遊ばせる際は誤食に注意して。

転がす♡

球体のおもちゃを、くちばしや足で転がしては追いかけ、をくり返して遊びます。球体の中に鈴などを入れてあげれば、転がすたびに音が鳴って楽しさがアップ！

投稿！うちの子流 おもちゃ×おしゃべり

セキセイインコ・ミントちゃん

うちの子は、ボールを追いかけながら「ボールしゃ〜ん」、ベルを鳴らしながら「ベルしゃんチンチンした〜」とおしゃべりしながら楽しそうに遊びます♪

吊り橋渡り

野生では、木の枝を渡り歩いて暮らしていました。その環境を吊り橋で再現。既製品もありますが、枝をヒモでつないで、かんたんに手づくりもできます。

つかむ

器用な大型インコさんは、足でおもちゃをつかみ、振りまわして遊びます。小型・中型さんでもつかめる子がいるので、その子の体型に合ったサイズのおもちゃを用意しましょう。

トンネル

段ボールの一部を切り抜いてつくったトンネルを、歩いてくぐって遊びます。ただ、段ボールを巣と勘違いして、発情することがあるので注意が必要。

のぼる

ステップをのぼる遊びです。だんだんとステップの高さを上げるなど、飽きさせない工夫を。大型さんなら、イスや脚立だって、くちばしと足を使ってじょうずにのぼりますよ！

フォージングにチャレンジ！

日中のほとんどをフォージング（食べもの探し）に充てる野生鳥と異なり、ペットの鳥さんは出されたエサを食べるだけ。楽ですが、そのぶん退屈…。野生と同じフォージングの刺激を与えて、愛鳥の1日を充実させましょう！

フォージングのPOINT

1 できるようになったらステップアップ

まずはかんたんに、エサを紙にはさむだけ。紙を開いてエサを見つけられたら、今度は紙で包みこんで出します。少しずつ難度を上げるのがコツです。

2 フォージングトイを活用してみる

既製品を使うのはもちろん、プラスチックのカプセルに穴を開けるなど手づくりしても◎。また、フォージングの量に合わせて、ごはんの量を減らすことも忘れずに。

いっしょに遊ぶ

負けないぞー

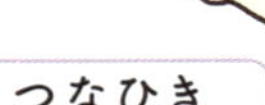

つなひき

インコが細長いもので遊んでいたら、ひと声かけて端を持ち、引っぱります。引っぱり返されたら、軽く引いたり押したり緩急をつけましょう。しつこくしないのがコツ!

トンネルくぐり

飼い主さんの手をトンネルに見立てて、くぐらせます。くぐることがわからない子には、おやつを使って誘導しましょう。

追いかけっこ

人さし指と中指を足に見立て、インコの横でトコトコと歩かせます。追いかけたり追い抜かしたり。歌いながら追いかけっこをすれば盛り上がること間違いなし!

1 おいで

おいで

インコが止まる指を用意。反対の手で持ったごほうびを見せながら、「おいで」と言います。指は動かさず、インコが来るのを待って。指に止まったら、ごほうびをあげましょう。

2

ここの距離感をだんだんのばす！

とってこい

手乗りと「おいで」を組み合わせた遊び。とってもらいたいものをテーブルに置き、インコがそれをくわえたら「おいで」と声をかけ、手のひらに誘導します。とってきたものを手のひらに置けたら、ごほうびをあげて。

おいで

投稿！ うちの子流 くつ下待て待てレース

マメルリハ・ぷんぷんちゃん

うちの子は、ピンク色のハート柄くつ下がお気に入り。わたしの「くつしーた、待て待て～♪」の歌声に合わせて、くちばしでズドーンとくつ下に突撃！ 盛り上がってくると、くつ下にぶら下がって空中ブランコ状態になって遊びます!!

落としっこ

インコが落としたものを、「あら!」など声を出しながら飼い主さんが拾って元に戻します。再びインコが落とす→飼い主さんが拾う、という遊びです。

輪なげ

プラスチックの輪っかをくわえて、棒（飼い主さんの指でもOK）に通してもらいます。まずはお手本として、飼い主さんが棒に輪っかを通すのを見せてあげて。

ぶら下がり

飼い主さんが持ったヒモをくわえて、ブラブラとぶら下がる遊び。ブランコのようにヒモをゆっくりと前後左右に揺らしてあげて、変化をつけましょう。

ターン

頭上でごほうびを見せ、「ターン」の合図で指を回しましょう。つられてインコもいっしょに回ります。くり返すうちに、合図だけで回るようになることも。

いないいないばあ

人間の子どもにするのと同じやり方。手で飼い主さんの顔を隠して「いないいない…」、手をパッと開いて顔を見せて「ばあ！」。家具に隠れて出てきたり、インコの視界を手で閉ざしたりとバリエーションをつけてもよいでしょう。

\投稿！/ うちの子流

マネっ子遊び

コザクラインコ・実充恋（みみこ）ちゃん

「外に出る？」と聞くと、「ピイ♪」とお返事する実充恋。お返事だけではなく、わたしがくしゃみをしたり、せきをしたり、笑ったりすると、それをじょうずにマネします。飼い主とインコ、いっしょに笑って盛り上がっています！

おもちゃを用意するときは…

1 安全なものをしっかり選ぶ

鉛やコーティング剤など、原料に有毒なものが使われていないか要注意。絡まりやすい細いヒモ、のみこめる小さいサイズのもの、足がはさまりやすい構造のものなどは避けましょう。

2 事故に気をつけよう

首にヒモが絡まる、割れたおもちゃの破片をのみこむなど、思わぬ事故は起こり得るもの。おもちゃで遊ぶときは絶対に目を離さず、古くなったものはすぐに新品に替えて。

BIRDSTORY'S ストーリー

はじめてのフォージング

フォージングを取り入れてみようと思い、穴の開いたアクリルボールにシードを入れてはじめてみました

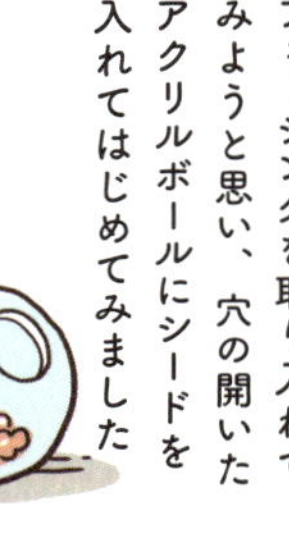

その後、はじめはシードのみだったのですが、ペレットも中に混ぜてみたところ…

BIRD FOOD

ペレットが出てきたときは無視して、シードが出てくるまで転がすという行動に！

わーい

ボールからすべてが出たら、最後にペレットを食べてくれましたが、とにかく驚き！
あらためて鳥さんの賢さを体感！

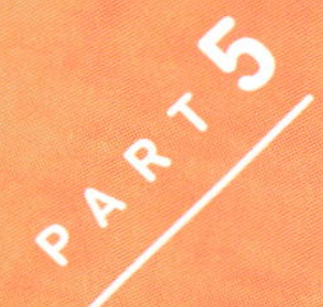

インコのお悩み解決 Q & A

どんなによい子でも、問題行動は起こり得ます。
そんなとき、放置は絶対にいけません。
愛する子の体と心の健康のためにも、
お悩みに真摯に向き合って解決していきましょう!

お悩み

お留守番ってできるの？

インコだけでのお留守番は1泊まで

十分なごはんと水、適切な温度・湿度管理、インコが退屈しない環境が用意できるなら、1泊までならインコだけでお留守番が可能でしょう。

ただし、これは健康なインコの場合に限ります。ヒナ、病鳥、シニア鳥の場合は、ペットホテルか動物病院へ預けてください。ホームドクターがペットホテルを完備しているなら、そこに預けると安心です。

健康なインコで2泊以上のお留守番の場合は、どこかに預けるほか、知人やペットシッターにお世話に来てもらう方法もあります。お世話の方法を説明して、メモにも残しておきましょう。

**明かりは
つけっぱなしに**

電気をつけ、ケージカバーもはずして。真っ暗だとパニックを起こしてしまいます。

**おもちゃは
はずしてもOK**

おくびょうでパニックになりやすい子なら、引っかからないようにおもちゃははずしておきましょう。

**テレビやラジオは
つけておく**

テレビなどを使って人の声や音を聞かせることで、孤独感をやわらげます。

**ごはんと
水は多めに用意！**

エサと水はたっぷりと用意。エサ入れの数を増やすと安心です。

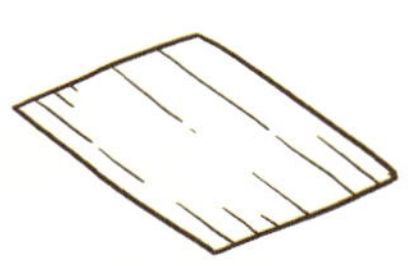

**フン切り網は
はずしておく**

エサが底にこぼれ落ちても、自分で拾えるようにします。

投稿!
お留守番の実態
セキセイインコ・ミントちゃん

お留守番前のチェック

□ 病鳥やシニア鳥さんではない

いつどんな異変が起きるかわからないため、介護中はなるべくひとりにしないのが安心。

□ エアコンで温度・湿度管理ができる

温湿度管理は大前提。エアコンをつけっぱなしにして、24時間管理しましょう。

□ お留守番に慣れている

いきなり丸2日の留守は、鳥さんの精神面の負担大。数時間、半日、1日と練習して、徐々に慣らして。

□ 2泊以内の外出

エアコンが故障するなど、事故が起きる可能性があります。2泊以上の不在は避けましょう。

インコの預け先

上のチェックが1つでもはずれたらお留守番はダメ。知人宅、動物病院、ペットホテルなど、信頼できる場所に預けましょう。

外出するときはどうすればいい？

キャリーに入ってもらおう

知らない場所への移動は、多かれ少なかれ鳥さんにとってストレスになります。しかし、動物病院へ行くときなど、必ず外出の機会はあります。そのためにも、ふだんからキャリーケースに慣らしておき、キャリーケースを「安心できる場所」と認識してもらうことが大事です。いきなり長時間の外出はせず、はじめは数十分から行い、徐々に時間を延ばしていきましょう。

キャリーケースに慣らすコツ

1 部屋の中に置く

キャリーをケージのそばに置いて、ふだんから鳥さんの視界に入るようにしておきます。存在に慣れてくれるはずです。

2 キャリーの中でおやつをあげる

放鳥中のスキンシップのひとつとして、キャリーの中でおやつをあげましょう。キャリーによいイメージがつきます。

キャリーケースの中身チェック

キャリーケースを入れるバッグも忘れずに！

ケースは飼い鳥専用のものか、プラスチックケースでも可。インコの体に合ったサイズを選びましょう。

- いつものごはん
- 野菜や果物（水分補給用）
- 温湿度計
- 保温剤（夏は場合によって保冷剤）

水は不要！

数時間の移動なら、鳥さんがぬれてしまうかもしれないので、水は入れないほうがよいでしょう。

病院に持参するもの

獣医師にふだんとどう違うのかを伝えるのは飼い主さんの役目。客観的な判断材料となるものを持参すると、より正確な診断ができます。

- **フン**
  当日（場合によっては数日分）のフンを、ラップに包んで。
- **お世話ノート**
  健常時の体重、フンのようす、食事量などの記録は重要な比較材料。
- **フード**
  いつも与えているエサやおやつを持っていきましょう。

フードのパッケージ、成分表を写真に撮っておくのも◎

P.190〜191のお世話シートも使ってね！

お悩み

病院ってどうやって選べばいい？

動物病院選びのポイント

治療方針をしっかり説明してくれる

使用する薬や看護法など、治療の内容をていねいに説明してくれ、飼い主さんが納得したうえで治療をしてくれるかどうか。また、診療料金が明瞭かも重要。

飼育アドバイスをしてくれる

病気の治療についてだけでなく、ふだんのお世話についても指導してくれるか。

知識・設備

知識があり、鳥さんの扱いに慣れているところを探して。専門的な治療ができる設備が整っているかの確認も必須。

お迎え前に病院を探しておいて

鳥を診ることができる動物病院は、犬や猫とくらべて多くありません。お迎え前に、インターネットで調べたり、ショップの店員さんに聞いたりして、病院を探しておきましょう。鳥さんが健康なときから病院に行って、獣医師とコミュニケーションをとっておくことも大切です。

病院では、右ページの表に挙げたことを飼い主さんが説明できなければいけません。日ごろから把握しておきましょう。

お悩み

かみグセが直らない

Case1 ものをかむ

おもちゃだと思っている？

かんでいるものが、その子の好みの素材の場合、カジカジできるおもちゃと思って、ひとり遊びをしているのかも。

ストレス発散

退屈だったり、なにか思い通りにならないことがあったりして、ストレス発散のために破壊活動に走っています。

かむ理由を見極めて！

「かむ」というのは、鳥さんにとっていわば仕事。ものをかむのなら、かまれて困るものは置かないことがいちばんです。ただし、人を頻繁にかむ場合は、なんらかの対策が必要。原因をひとつずつ、つぶしていきましょう。病気の可能性もあるので、あまりにかむ場合は獣医師に相談を。

反抗期の可能性も！

反抗期は、成長するなかで2回やってきます（➜P.150〜151）。反抗期中はなにかとイライラして、攻撃的になるもの。時間が解決するのを待ちましょう。

Case2 人をかむ

かんだあとの反応が楽しい

飼い主さんが「いたっ!」とリアクションしてくれるのがうれしくて、かむのをくり返します。

対策

かまれても無視!

かまれて声を出すと鳥さんは「楽しんでくれた♡」と勘違い。かむことを遊びにしてしまいます。これをやめさせるには、かまれても無反応でいること。無視がもっとも効きます。

気分が乗らないときにケージから出されそうになって指をかむことも。これは飼い主さんに「いやだ!」と伝えるインコからのメッセージ!

対策

かまれてもいいおもちゃを与える

鳥さんがかみそうなそぶりを見せたら、かむ用のおもちゃをサッと差し出します。おもちゃをかんだら、思いきりほめてあげて!このおもちゃはかむもの、と覚えてくれます。

なわばりの侵入者扱い

なわばり意識がとても強い子は、飼い主さんのことを敵と勘違いして、かんで攻撃することが。

手がこわい

以前かんだときに飼い主さんが手を離したのを覚えていて、「かめばどけてくれる」と学習したのかも。

対策

手への悪いイメージを払拭!

なわばりには、むやみに手を入れないこと。そうじなどのときは、ケージごと場所を移動すると攻撃性が弱まることも!また、手がこわい子には、おやつなどで手によいイメージをもってもらうと◎。

お悩み

ケージに戻ってくれない

ケージの中にくらべて、外はのびのびと動きまわることができ、飼い主さんとたくさん遊ぶことができます。単純に外が楽しいというのが理由で、ケージに帰りたがりません。

ケージの
中が
つまらない

遊べるおもちゃもなし、飼い主さんもかまってくれない、つまらない…。そんな退屈で孤独なケージにはいたくありません。反対に、楽しませようとケージの中におもちゃを入れすぎて居心地が悪くなる場合もあります。

ケージが退屈な場所になっていない？

「鳥さんがケージに戻ったら遊び時間は終わり」と思っていませんか？　ケージに戻らない理由は、ケージの中がつまらない場所だから。ケージに入ったら飼い主さんがかまってくれない…それではケージに戻りたくないのは当然です。

インコがケージ内にいても、おやつをあげたり、声をかけたりして、コミュニケーション時間をつくりましょう。

放鳥時間を守ろう

放鳥時間が日によってバラバラだと、短いときにインコが不満を抱いてしまいます。毎日1時間など、決められた時間で放鳥しましょう。

対策

ケージの中も楽しい場所と思ってもらう

ケージの中専用のおもちゃを置く、ケージに戻ったらごほうびをあげるなど、ケージの中ならではの楽しみをつくって。「飼い主さんと遊べるのはケージの外だけ」と思って戻らない子もいるので、ケージの中にいるときもスキンシップを忘れずに。

「おいで」ができるようになろう

P.99の「おいで」を使って、手に乗ってもらいます。そのままケージに直行すると「おいで＝ケージに戻される！」と覚えてしまうので、手に乗せたまま寄り道をしましょう。その後ケージに戻し、少しスキンシップをとってから扉を閉めます。

毛引きがおさまらない

病気の可能性

感染症のほか、体や皮膚の違和感などが原因で、羽毛を抜いてしまうことがあります。栄養の偏りや、日光浴不足、水浴び不足、飼育環境の不衛生も原因となります。

考えられる原因

- 内臓の病気
- 栄養障害
- ウイルス性の感染症 など

くわしくは→ P.178

遊びの一環

あまりに退屈すぎて、羽毛を抜く遊びをはじめてしまい、それがクセになって毛引きに。飼い主さんの気を引きたくて毛引きをすることもあります。

ひとつずつ原因を探そう

毛引きをする理由はいろいろあります。まずは病気の可能性を考えて、動物病院を受診しましょう。病気ではないことが判明したら、ほかの原因を当たります。ただし、原因を取り除いても、毛引きが〝クセ〟になっていたらなかなか治りません。根気強く向き合っていきましょう。

そのほか考えられる原因

なにか不満や不安があるときや環境が変わったときに、毛引きをする子も。ほかにも、換羽(かんう)が不完全な部分や羽の汚れが気になり羽毛を抜いていたら、いつの間にか毛引きに発展してしまうということがあります。

考えられる原因

- 環境の変化
- 退屈
- 発情
- 換羽が不完全
- 不安感
- 羽の汚れ
- 鳥や人とうまくコミュニケーションがとれない

対策

まずは病院へ！

毛引きが見られたら、「ストレスかな？」と素人判断するのは禁物。まずは病院に連れていき、病気か否かを診断してもらいます。病気だった場合は、症状に合わせて治療や住環境の見直しを図りましょう。

原因を取り除き、環境を変える

原因が病気ではないと診断されたら、精神面に影響を与えた原因を探ります。

- 環境の変化
- 不安感
- 鳥や人とうまくコミュニケーションがとれない

引っ越しで環境が変わった、いちばん好きな飼い主さんが旅行に行っていた、新しい鳥さんをお迎えしたなど、インコがストレスを感じることがなかったか考えましょう。

- 退屈

頭を使うおもちゃや、カジカジできるものを用意して！

- 発情

頻繁に発情する場合は、発情対策（→ P.118）を講じてください。

いずれにしても、毛引きがはじまった時期になにかきっかけがなかったかを分析して、取り除く対策が必要です。それでもおさまらなかった場合、毛引き以外の遊びをトレーニングすることもあります。また、毛引きをしていないときに、飼い主さんが頻繁にインコとスキンシップをとることも忘れずに！

お悩み

呼び鳴きがおさまらない

賢いインコは学習する！

呼び鳴きがおさまらない場合、鳴いたとき飼い主さんがどうリアクションしているのかをよく考えてみましょう。飼い主さんを呼ぶ理由は、退屈でさみしいのかもしれませんし、おなかがすいているのかもしれません。呼び鳴きをせずにいい子にしているときに、同じ行動をとってみてください。

無視をして呼び鳴きに対抗したとしても、大きな声で呼ばれたときに、うるささのあまり行ってしまっては意味がありません。大声で鳴いたときは無視、代わりに小さい声で鳴いたときは行く。こうして、小さい声でも飼い主さんが来てくれることがわかれば、声のボリュームが小さくなるかも！

飼い主さんのリアクション例

- 来てくれる
- 話しかけてくれる
- 見てくれる　など

無視を心がけて！

対策

よい行動をしたときに同じリアクションを！

注意の声かけは遊びと思われます。鳴きやんでから近づいてほめてあげると、「静かにするといいことがある」と覚えてくれます。

夜鳴きが激しい場合は

上記の理由でないなら部屋の明るさが原因かも。明るいとインコは眠りにつけないので、日が暮れたらインコのケージにはカバーを。

お悩み

オンリーワンになったら…

特定の相手に深い愛情をもつ

インコは、ペアの相手に深い愛情をもつ生き物です。そして、その相手は飼い主さんの場合もあり得ます。特定の人物にだけ強い愛情をもつようになると、それがやがては、ほかの人がインコに近づいただけで攻撃的になる「オンリーワン」とよばれる状態に…。

こうなっては、オンリーワンの対象になった人以外がインコのお世話をすることが困難になります。それでは困りますよね？　オンリーワンにならないよう、いろいろな人がお世話をするのがベストですが、それでもオンリーワンになってしまったら、下記の対策を試しましょう。

お世話できない…

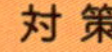

ほかの人にも慣らそう

いちばん好きなおやつは、オンリーワン以外の人から与えます。その人といっしょにいると、よいことがあると教えましょう。そうして、徐々にペアの人がいないところでほかの家族がお世話をしたり、スキンシップをはかったりすると、攻撃性がやわらぐこともあります。

お悩み

頻繁に発情してしまう

過剰な発情は健康を害する！

メスの場合、1年に1～2回の発情&産卵なら大きな問題ではありませんが、慢性的に産卵をくり返してしまうと、病気を誘発してしまい大変危険です。

オスの場合、産卵はしませんが、防衛本能から性格が攻撃的になったり、精巣腫瘍（しゅよう）になりやすくなったりと、病気やケガの原因となります。

メスもオスも、発情を抑制することが健康にはいちばん！　飼い主さんのなにげない行動（↓P121）がインコに求愛行動と認識され、発情のきっかけになることもあるので、勘違いされる行動は控えて。そのほか、P120に挙げる対策を講じましょう。

オス　発情のサイン&デメリット

- おしゃべり
- 求愛ダンスを踊る
- 吐き戻しをくり返す
- 攻撃的になる

おしりをこすりつけたり、積極的に歌をうたったりするのも、「大好きだよ！」と伝える求愛行動のひとつ。

精巣腫瘍になりやすくなる場合も

精巣の中で精子をつくり続けるため、発症のリスクが上がります。とくにセキセイインコは要注意。

発情のサイン＆デメリット

- のけぞる
- うずくまる
- 巣になるものを探す
- ケージ底の紙や、せまいところにもぐる

コザクラインコは、巣づくりの準備のために細くちぎった紙などを尾羽にさします。「短冊づくり」とよばれる行動。

さまざまな病気の原因に

発情過多は、生殖器系の病気を引き起こす原因に(下記参照)。また、卵の産みすぎは、体にかなりの負担を与えます。

攻撃的になる

防衛本能によって、ふだんはおとなしい子でもかみつくなど、攻撃的になります。

毛引き症が起こりやすい

発情期はイライラしやすく、自分の体をかむ自咬(じこう)症や、毛引き症を引き起こします。

鳥の発情メカニズム

1. オスが発情して求愛行動をする
   ↓
2. オスの求愛行動をきっかけにメスも発情する
   ↓
3. 巣づくりをしながら交尾をくり返す
   ↓
4. メスが産卵する

メスの過剰発情は病気の原因に！

1〜4の正常な発情は問題ありませんが、発情と抱卵をくり返す慢性発情は病気の原因になります。

生殖器
- 卵塞(らんそく)（卵づまり）
- 異常卵の産卵
- 卵管炎、体腔炎
- 卵巣・卵管腫瘍 など
- 卵管蓄卵材症

内臓・代謝
- 低カルシウム血症
- 脂肪肝
- 多骨性過骨症
- 腹壁(ふくへき)ヘルニア
- 骨軟化症
- 動脈硬化 など

くわしくは → P.178-179

対策

発情条件を満たさないよう対策を

発情させないためには、発情する原因をつくらないことがいちばん。至れり尽くせりの快適な環境は「子育てにぴったり♡」と思わせ、発情を促してしまいます。対策のメインは食事制限。それでもおさまらなければ左ページの対策を試して。

1 食事制限をする

適正体重より重いなら、それが原因で発情をくり返すのかも。というのも、「エサがいっぱいあって栄養状態万全＝ヒナを育てられる」環境と思うから！

適正体重より重い…

ダイエット開始。ただしインコにとって1gの変化は大きいもの。ダイエットは獣医師の指示のもと行って。

夜はエサ入れをとってみるのも！

「夜、ふと目覚めたとき目の前にごはんが！」というのを防ぐため、就寝時間になったら、エサ入れをとってしまっても。

適正体重を目指してエサ量を調節する

獣医師と相談して1日の食事量を決めたら、キッチンスケールで毎食量って与えましょう。食事制限時は、毎日体重を量り、やせすぎていないか確認を。

2 インコは光周期を短くする

「日が長い＝暖かい季節＝繁殖期」と勘違いさせないために、明るい場所にいるのは1日8〜10時間に。これを超える場合は、ケージを静かな場所に移動し、カバーをかけて暗くするなど対策をとりましょう。

ブンチョウは…

ブンチョウの場合、短日繁殖なので、早く寝かせることが発情抑制にはなりません。かといって、夜ふかしはダメ！

3 巣材になるものは与えないこと

巣を連想させる小箱や、巣づくりの材料となるものを見ると発情が促されるため、与えないように気をつけて。放鳥時にせまい場所へ入り込まないよう対策も必要。

⚠ こんなものは与えないで

- 布や紙
- 巣を連想する小箱など

4 発情する相手をつくらない

飼い主さんは、発情を誘発する行動は控えましょう。また、お気に入りのおもちゃなど、特定のパートナーになりそうなものからは引き離して。

⚠ こんな行動は避けて!

- くちばしや背中をさわらない
- 声をかけすぎない

恐怖体験をしたトラウマが!?

手をこわがって逃げる

人の手をこわがるのは、手にいやな思い出があるからです。無理やりつかもうとした、手にふれて痛い思いをさせた、このような覚えはありませんか？

一度手に恐怖を覚えてしまうと、その印象を変えるのはなかなか難しいですが…、今度はインコに「手はいいもの」と覚えなおしてもらいましょう。

手からおやつをあげたり、手が近づいても逃げなかったら、たくさんほめてあげてください。手をこわがっていると、健康チェックもできませんし、いっしょに遊ぶことも難しいです。焦らずに辛抱強く、慣らしていきましょう。

対策

手はこわくないものと教える！

手でおやつを持ち、インコが食べにくるのを待ちましょう。手を動かすとこわがって逃げるので、インコから食べにくるのをじっと待って。「おやつにつられて食べにきたら、気づいたら手があった！」と慣らしていきます。

イイコ♪
イイコ♪

逃げなかったらほめる

逃げずに手から直接食べてくれたら、「イイコ♪」と声をかけてほめましょう。「手からあげる→ほめる」をくり返していくうちに、こわい存在だと思っていた手が、おやつをもらえる＆ほめてもらえる楽しい存在になるはず！

お悩み

野菜を食べてくれない

食べてくれる野菜はきっとある！

シード食の子にとって、野菜は栄養補給のためにも食べさせたほうがよいものです。ペレット食の子にも、食の楽しみという意味で野菜は与えたいところ！

ただ、「野菜を食べてくれない」というお悩みが多いのも事実です。根気強く、食べてくれる野菜を探すしかありません。

これは好き♡

あれもイヤ
これもイヤ

対策

いろいろな野菜を試そう

味や見た目、食感など、インコによって好みはさまざま。その子好みの野菜を探してあげましょう。そのままだと食べなくても、細かくちぎって与えると口にする子もいます。

複数羽飼いならほかの子に目の前で食べてもらう！

成鳥の場合、野菜を食べ物だとわかっていないのかも。ほかの子が食べているのを見れば、「あれは食べ物なんだ！　食べても安全なんだ」と思って興味をもつはずです。目の前で飼い主さんがおいしそうに食べるのも◎。

お悩み

自然に羽毛が抜け落ちている!?

換羽期なら心配無用

生後2~3か月のヒナの羽毛が抜けるのは、おとなの羽へ生えかわっている証拠。どんどん抜けるので不安になるでしょうが、心配はいりません。1~2か月くらい経てば、羽は生えそろいます。

成鳥の場合も、年に1回以上「換羽（かんう）」とよばれる羽の生えかわりが起こります。換羽期は、体力的にインコに負担がかかる時期なので、ふだんよりも高たんぱくのごはんと野菜もいっしょに与えましょう。

ただし、換羽期でもないのに羽が抜ける、換羽後にきれいな羽が生えない場合は、病気の可能性があります。早急に動物病院を受診してください。

羽毛はたんぱく質が主原料。たんぱく質やビタミンを多めに摂（と）る食事で、換羽期を乗り切りましょう。

注意

換羽期ではないのに抜け落ちていたら…

くちばし・羽毛病（PBFD→P.178）の可能性が考えられます。幼鳥の発症が多く、全身の羽毛が抜けてしまうことも。ウイルスによる感染症で、ワクチンがありません。複数羽飼いの場合は、感染予防のために病鳥を隔離し、すぐに病院へ連れていきましょう。

お悩み

急に攻撃的になった気が…

発情期やストレス、ケガの可能性が

メスでもオスでも、発情期になると性格が攻撃的になります。産卵をしていたらメスはとくに攻撃的になるので、むやみにさわらないよう気をつけましょう。

また、そのほかの理由としては…、

- 成鳥になったばかりの反抗期（↓P151）
- 退屈でストレスフル
- 外敵からの視線がこわいなどの悪環境

反抗期は、正常な成長をしている証拠なので落ち着くまでそっとしておきましょう。

退屈しているようなら、飼い主さんがたくさん遊んであげて！　そのほか、環境の変化によるストレスなら、なにが原因かよく考えて改善しましょう。

対策

原因を探ることが第一！

1 発情期

オス・メスともに、発情期は攻撃的になりがち（➜P.118）。とくにメスは、なわばり意識が強くなります。発情させる要因を取り除き、予防に努めましょう。

2 ストレス

飼い主さんが気づかない、ささいな環境の変化によるストレスから、なわばりを守ろうと攻撃的になっています。原因をよく探って、元の環境に戻してあげましょう。

3 いやなことをしてしまった

直接のふれあいは避け、ケージの近くに座り、「なにもしない」ということを教えるところからスタートしましょう。

お悩み

ダイエットってどうやるの？

ダイエットは獣医師の指導のもと

インコの病気は、日々の積み重ねで予防できるものが多くあります。その最たる予防が「肥満にならない」こと。肥満になると、人と同じように、肝疾患になったり、動脈硬化を起こしたりと、さまざまな病気の原因となります。

肥満になるおもな原因は、食べすぎや高カロリー食を選り好みして食べることなので、ダイエットも食事制限が第一。次に運動量を増やしてカロリー消費をすることです。人と同じですね！

ただし、急激に体重を減らすことも病気の原因になります。ダイエットは、獣医師の指導のもと行いましょう。

鳥さんのメタボ診断

【☑がついたら要注意！】

- □ シードを選り好みして食べる
- □ あまり動かない

- □ 飛ぶときに上昇できない

- □ 体重が日に日に増加
- □ 指に乗るとふだんよりずっしりしている

胸の骨で確認

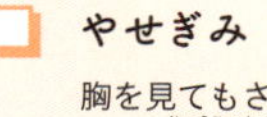

□ **やせぎみ**

胸を見てもさわっても、竜骨突起の三角形の骨の先端がわかります。

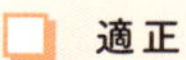

□ **適正**

見た目では竜骨突起はわかりませんが、さわると骨の先端がわかります。

□ **太りぎみ**

見てもさわっても、骨の先端はわかりません。全体的に丸みをおびた体つき。

対策

食事内容・量を見直す

飼い主さんがまず見直すべきは、食生活！
適切なエサを、適量だけ与え、正しい食事管理をしましょう。

【食事量の見直し】

1 毎日食べた量を量り、1週間の平均を出す

朝、決まった量のごはんをあげたら、夕方や翌日の交換時に残った量を測定し、引き算して食事量を割り出します。1週間の平均をとりましょう。

2 そこから○g減らした量のエサを与える

1で平均量がわかったら、そこから獣医師に指示された量だけ減らして与えます。

3 体重を量る

急激に体重が減らないよう調整しながら、数か月かけて目標体重を目指します。減りすぎていたり、減らない場合は獣医師に相談を。

【食事内容の見直し】

主食以外に、高カロリーなものを与えすぎていないか確認を。果物はビタミンを多く摂(と)れますが、糖分が多いため、量に注意が必要です。

要注意な食べ物

- ヒマワリ
- 麻の実
- ニガーシード
- ナタネ
- 果物 …etc.

運動量も増やそう

ケージ内でも自発的に運動ができるよう、足でつかまって歩くヒモや、追いかけられるおもちゃを用意して、運動量を増やしましょう。

BIRDSTORY'S ストーリー

うちの子のホームドクター

通いはじめてうれしかったのが
院長の寄崎先生に愛鳥の名前を
覚えてもらえたことです

ばななちゃーん

小さな異変でも
親身に相談にのってくれて
いろいろと教えてくださり、
とてもお世話になっています

そんななかで助かっているのが
一時お預かりを
してもらえることです

仕事の出張がたまにあり、
その際に病院で愛鳥を
みてもらっています

いつも通っているので
安心なことと、

さらに安心なのが
愛鳥のようすを病院の
インスタグラムで写真とともに
教えてくれることです

12:34

zzzzz…

きゃるるる!!

もぐ もぐ

出張先で、
愛鳥のようすを知ることができて、
とても安心ホッコリしています

GUIDE

インコの気持ち読み取りガイド

どんなことを思っているんだろう？
いつもやるこのしぐさはどんな意味？
鳥は、声、体、行動…全身を使って
飼い主さんに伝えてくれていますよ！

鳥さん、なに考えてるの？

大好きな鳥さんの気持ち、余すことなくすべて理解したいですよね。
鳴き声やボディランゲージを正しく読み取り、鳥さんの本音を知りましょう。

気持ちを読み取るポイント

高い音は警戒、低くにごった音は不満や怒り。感情の高ぶりに合わせて、声も大きくなります。

注目すべきは目とくちばし。瞳孔(どうこう)の拡張、くちばしの開閉など、コロコロと変化します。

羽を動かしたり膨らましたり、歩いたり飛んだり。ひとつひとつの動きに意味があります。

読み取ろうとする努力が大事

鳥さんは仲間と意思疎通をはかるとき、鳴き声とボディランゲージを使います。これは飼い主さんに対しても同じ。鳥さんはきちんと伝えているのに、飼い主さんが理解できなければ、鳥さんは超ショック。

それでもコミュニケーションを大切にする鳥さんは、試行錯誤しながら伝えようとします。飼い主さんが反応してくれたら、気持ちが共有できたことで鳥さんは大喜び！

鳥さんが必死に伝えるのと同じくらい、飼い主さんにも全力で気持ちを読み取る努力が必要なのです！

インコ

ギャッ

いや！

短く強く鳴く「ギャッ」は、きげんが悪いときに出ます。こう鳴かれたら、好きな遊びをしたり、インコが落ち着くまでそっとしたりして、きげんをとりましょう。

呼び鳴きや返事はさえずりの一種

鳥の鳴き声には①地鳴き、②さえずりがあります。①は生まれながらにしてもつもの、②はコミュニケーションをとるために、訓練して習得したもの。おもに、繁殖期のオスがテリトリーを守ったり、メスを誘うのに使われます。オカメインコの歌などは②に当てはまり、飼い主さんと関わりたくて一生懸命発している声。

ブンチョウ

ガルルルル…

きげんが悪いの

遊びを中断されるなど気に入らないことがあると、こうして不満を伝えます。ごきげんななめなので、仲よしの飼い主さんでも、むやみに近づくと攻撃される可能性があります。

ピーピー

かまってよ〜

群れで暮らす鳥は、ひとりぼっちが大の苦手。飼い主さんの気配がなくなると、さみしくて不安になり、「どこにいるの？　ひとりにしないで、いっしょにいてよ!」と大声で飼い主さんを呼びます。

歌をうたう

いい気分♪

オカメインコは、歌うのが大好き。歌は、言葉の練習も兼ねています。歌のレベルを上げるには、未完成の段階でほめないこと！　途中でほめてしまうと、インコが満足して向上心がなくなります。

つぶやき

言葉を練習中

飼い主さんが発する言葉を覚えて、同じ音が出せるように自主練中。おしゃべりじょうずなセキセイインコや大型インコが練習していることが多いよう。また、リラックスしたときに、思わずつぶやいてしまうこともあります。

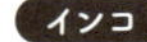

ものまね

おもしろいでしょ？

チャイムの「ピンポーン」や電子レンジの「チン」などの生活音は、飼い主さんが思わず反応してしまう音。その音をマネすると飼い主さんが反応してくれるので、インコは楽しくてたまりません。セキセイインコ、ヨウム、ボウシインコがよくものまねをします。

インコ　ブンチョウ

羽づくろいをする

親愛のスキンシップ

仲よし鳥の定番スキンシップといえば、おたがいの羽のカキカキし合いっこ。一方がカキカキしてあげたら、次はもう一方がお返しにカキカキをしてあげます。

羽づくろいをし合わないのは仲悪い!?

ペアなのに、同じタイミングで各々が自分で羽づくろいをしていると、仲の悪さを疑いますよね。でもご心配なく。同じ行動をとるのは、おたがいを信頼しているからできること。仲よしの証拠です。

インコ　ブンチョウ

吐き戻しをする

愛を込めてプレゼント

大大大好きな相手に、顔を縦に振りながらエサを口移しでプレゼント♡求愛給餌（きゅうじ）行動とよばれるものです。なかには、鏡に映った自分に吐き戻しをする子もいます。

インコ ブンチョウ

頭を下げる

カキカキして〜

飼い主さんに「ねえ、羽づくろいして♡」と甘えています。鳥どうし、羽づくろいをし合うのは親愛の証拠。声をかけながら、やさしくカキカキしてあげてください。

インコ ブンチョウ

髪をくわえる

羽づくろいしてあげる

大好きな飼い主さんの髪を、鳥の羽に見立てて羽づくろいをしています。ただし、髪を巣だと勘違いして発情している場合も。発情のポーズが見られたら、髪からすぐに引き離しましょう。

インコ ブンチョウ

おしりをこすりつける

結婚しましょ♡

オスの場合、これは交尾のポーズ。つまり、「結婚しよう。きみの子どもがほしいの!」というアピールです。愛するがゆえの行動ですが、不要な発情は体の負担に。この行動をとったら、スキンシップを控えめにするのが◎。

インコ　ブンチョウ

洋服を引っ張る

遊んで！　遊んで！

放鳥中なのに、飼い主さんが遊んでくれない。そんなとき、飼い主さんの洋服をくちばしでくわえ、引っ張って「遊んでよ！」と訴えています。ながら遊びもNGです。思いきり遊びましょう。

インコ　ブンチョウ

寄り添う

いつもと違う？

落ち込む飼い主さんのそばに近づいて、こちらのようすをうかがう鳥さん。「ようすが変。なにかあったのかな？」と、飼い主さんのことを観察してくれています。

インコ　ブンチョウ

見つめてくる

信頼してるよ、愛してるよ！

鳥がアイコンタクトをとるのは、信頼している相手とだけ。愛鳥が見つめてきたら、瞳孔のチェックを忘れずに！　瞳孔が開いていたら、恐怖を感じています。また、発情すると目を合わせるだけで瞳孔が小さくなり、のけぞってしまうことも。

インコ

翼をワキワキする

おねだりポーズ

翼を肩から少し離し、ワキワキと震わせるのは、なにかをおねだりしたいとき。「遊んで～♡」「おやつちょうだい～♡」と甘えています。ただし、暑いときもするので、ご注意を。

インコ　ブンチョウ

本や新聞に乗る

こっちを見て！

本や新聞を読んだりして、鳥さん以外に注意を向けている飼い主さんに、「ちゃんとこっち見て!」と無理やり視界に割り込み。遊ぶときは、鳥さんだけを見つめましょう。

インコ　ブンチョウ

口を開ける

ごはんちょうだい

飼い主さんにごはんをもらおうと、口を開けておねだり。ヒナの気分になって、甘えています。飼い主さんがおいしそうに食べているものは、鳥さんも「食べてみたい」と興味をもちます。

インコ ブンチョウ

体をのばす

よ～し、動くぞ

翼と足をグーッとのばす、通称「スサー」。これは運動前のストレッチで、「開始行動」とよばれます。さっきまでくつろいでいた鳥さんがこの動きをしたら、鳥さんがなにかをしようとする合図です。

インコ ブンチョウ

ケージに戻らない

外のなわばりが好き

ケージの外の広い世界も自分のなわばりだと認識し、せまいケージに帰りたがらない子がいます。放鳥時間をしっかりと決め、ケージ内に大好きなおもちゃを置くなど工夫をすれば、戻ってくれるはずです。

インコ ブンチョウ

ケージから出たがらない

外がこわい…

放鳥中にこわいことを経験すると、安全なケージ内に引きこもってしまいます。鳥さんが自分から出てくるまで待ちましょう。そのほか、換羽(かんう)中や体調不良の場合も。

インコ

右往左往

遊びたくてうずうず

落ち着きなく、止まり木を左右に行ったり来たり。遊びたくてしかたがなく、そわそわ動いています。この動きに気がついたら、ケージから出して、全力で遊んであげましょう。

インコ

おもちゃを落とす

飽きたよ〜

落としたおもちゃに一切見向きもしないなら、飽きてしまったのかも。声をかけながら拾って元に戻してあげれば、「落としっこ」(→ P.100) という新しい遊びに変わって、また楽しんでくれるはずです。

インコ

尾羽をパタパタ動かす

もうおしまい

「もう遊びは終わり」と伝える、「終了行動」です。インコ自身の気持ちを切り替えるためにする動きでもあります。羽を大きく開いてパタパタ動かすのも終了行動なので、ワキワキ(→ P.136) と間違えないように！

インコ

羽をばたつかせる

まだ遊びたいの！

「まだ遊び足りない！　ケージに戻すな！」と抵抗しています。一度この抵抗に負けてしまうと、「こうすれば要求が通る」と学んで気に入らないことがあるたびにこの行動をくり返すようになるので注意。

インコ

瞳孔が小さくなる

気持ちが高ぶってるよ

瞳孔は気持ちをあらわします。気に入らない相手を見つけ攻撃モードになったとき、大好きな人に話しかけられてうれしいとき、おいしいおやつをもらって「やったぜ！」というときなど、気持ちが高ぶったときに瞳孔が小さくなります。

ブンチョウ

目が三角になる

怒ってるぞーっ

ブンチョウは、怒りが頂点に達すると、目が三角形に！　こんなときは興奮度MAXなので、うかつに手を出すとガブッとやられてしまいます。怒りが静まるまでそっとしておきましょう。

ブンチョウ

おもちになる

リラックス♡

非常にリラックスしているとき、ブンチョウは「おもち化」して眠ります。大好きな飼い主さんの手の上などに乗り、もっちりボディでぐっすり。ブンチョウから信頼されている証しですよ。

インコ　ブンチョウ

細くなる

びっくり！

鳥さんが羽を体にぴったりくっつけてヒュッと細くなるのは、びっくりしたとき。見慣れないものや人を見つけて緊張しています。繊細な鳥さんを刺激しないように、恐怖を感じそうなものは取り除いてあげて。

インコ

ウンチをかじる

ちゃんとそうじしてね

ケージの底に散らばったウンチが気になり、かじってしまうことがあります。ケージを清潔にするのは飼い主さんの役目。インコが気にする前に、底に敷いたシートを毎日交換してあげましょう。ウンチに届かないよう、下網を敷くのも◎。

インコ ブンチョウ

毛を逆立てる

怒ったぞ

顔のまわりの羽毛を逆立て、「もうプンプンだぞ!」とお怒りモード。さらにフゥ〜と息を吐(は)いていたら、怒りは最高潮。とりあえず謝って、怒りがおさまるまで距離をとりましょう。また、発情の興奮により顔まわりの羽が逆立つことも。

インコ

肩をいからせる

かっこいいでしょ?

肩をいからせながら地面を堂々と歩き、意中のメスや飼い主さんに「かっこいいだろ? 惚れるだろ?」と自分の強さをアピール。オカメインコのオスに多いしぐさです。無駄な発情をおさえるため、このしぐさをしたらケージに戻しましょう。

インコ ブンチョウ

高いところに止まる

わたしのほうがえらいの

高い場所＝安全な場所なので、「高い場所にいるほうがえらい」と考えています。放鳥中つねに高い場所にいるなら、飼い主さんを見下しているのかも。ロープを張るなど、高所に行かせない工夫をしましょう。

BIRDSTORY'S ストーリー

鳥さんって不思議！

＼投稿！／
ドウバネインコ・ヨルちゃん

放鳥中でも自分の好きな場所で
まったり過ごしています

でも
飼い主の涙に
すごく敏感

!

グスン…

インコ学

鳥の一生、体の構造、産卵について…
鳥についていろいろなヒミツを解説します。
知れば知るほど、
“鳥”って奥が深い生き物ですよ。

体のしくみを知ろう

飛ぶためのしくみ

“飛ぶためのヒミツ”がたくさん！

鳥の最大の特徴は、なんといっても飛べることでしょう。鳥には羽があるから飛べる…とお思いでしょうが、それだけではありません。骨や筋肉、体温といった見えないところにも、飛ぶためのヒミツが隠されていますよ！

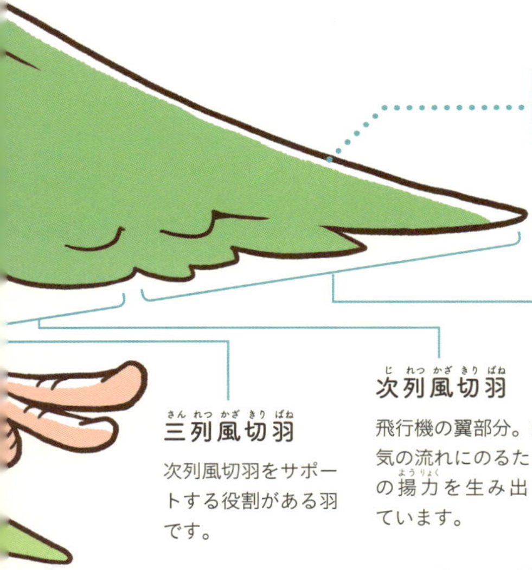

体温

鳥の体温は、人間よりやや高い40～44℃。新陳代謝を促進させ、活発に動いたり、飛んだりすることができます。

翼

骨とくっついている、飛ぶために必要な丈夫な羽を「風切羽（かざきりばね）」とよびます。

初列風切羽（しょれつかざきりばね）

先端の羽は、プロペラの役割を果たし、飛ぶための推力を生み出します。

次列風切羽（じれつかざきりばね）

飛行機の翼部分。空気の流れにのるための揚力（ようりょく）を生み出しています。

三列風切羽（さんれつかざきりばね）

次列風切羽をサポートする役割がある羽です。

尾羽

方向転換や、バランスをとる役割の羽。尾骨とくっついています。

骨

体を軽くするために、骨の内部はほぼ空洞。細い柱がたくさんあり、強度を高めています。

胸筋

翼をふりおろすのが、体重の約25%を占める大胸筋です。胸骨は哺乳類にもありますが、竜骨突起(りゅうこつとっき)は鳥類にしかありません。

呼吸器

空気をためる「気のう」が体内のすき間に細かく入り込んでおり、効率のよい呼吸を可能にしています。また、気のうは体温調整の役割も。

排せつ

鳥は頻繁にフンをしますが、これもなるべく体を軽くしようとしているから。

防水機能

腰の上部にある尾脂腺(びしせん)からは、脂成分が分泌されます。鳥は羽づくろいのときに、この脂を全身につけて防水効果を高めたり、羽を守ったり、羽に菌が増えるのを防いだりしています。人間のヘアオイルと似ていますね。お湯で水浴びすると、脂が落ちてしまうので要注意。

水浴びのしかた → P.76

鼻孔の
露出なし！

鳥種によって、鼻孔の露出が異なるのがポイント。セキセイインコなど乾燥地帯に住んでいる鳥は、鼻孔が外から見えます。雨が多い地帯に住むコザクラインコなどは、鼻孔が見えません。

冠羽

オウム科の鳥だけにある、頭頂部の長い羽毛。感情に合わせて、立ち上がるなどの変化が見られます。

目の少し下にある小さな穴。鳥には耳介がなく、羽毛に覆われているので、外からは見えません。

目

インコの最大視野は約330度。顔の横側に、やや飛び出してついているため、視野が広いのが特徴！

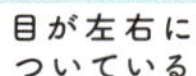

視野が広いので敵から逃げやすい。ただし、片目ずつの全体視野は広いですが、両目が重なる視野はせまいので、ものを立体的に認識して距離感をとらえるのは苦手。インコやオウム、ブンチョウはこちら。

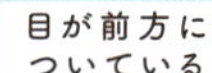

獲物を捕まえるのに特化

逃げる敵を追うのが得意。片目ずつの全体視野はせまいですが、両目が重なる視野はインコよりも広いので、ものを立体的にとらえやすく、距離感が正確にわかる。猛禽類はこちら。

歩き方も違うよ！

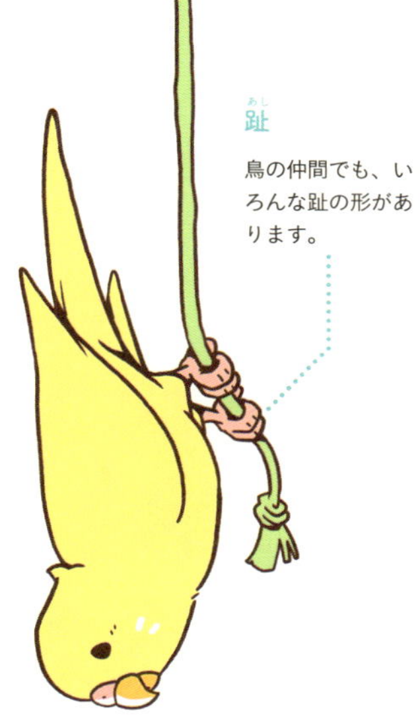

趾

鳥の仲間でも、いろんな趾の形があります。

対趾足（右足）

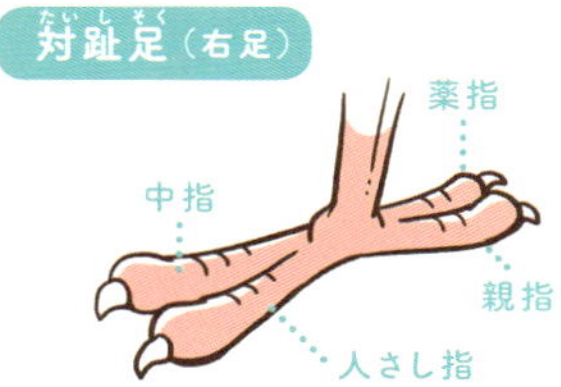

インコやオウムは、4本の趾のうち、2本が前、2本が後ろを向いています。エサをつかむことや、枝を握ることに優れています。

三前趾足（右足）

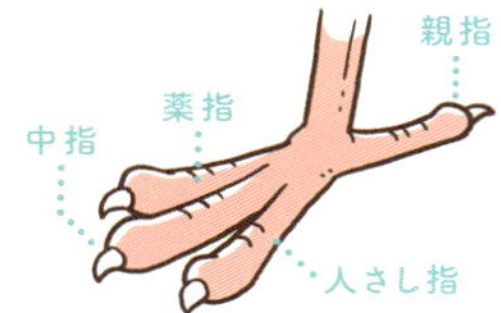

ブンチョウやキンカチョウは、前が3本、後ろが1本。枝に止まったり、ものを握ることはできますが、人の手やインコのようにエサをつかんで食べることはできません。

舌

インコの舌は肉厚で乾燥しています。ヒインコ科（➜ P.12）の舌は、くし状。ブンチョウの舌は細長い形。食べるものに適した構造です。

くちばし

鳥には歯がない代わりに、かたい角質（たんぱく質）からなるくちばしが。かたいものをかじったり、割ったり、つついたりするのに適しています。

消化のしくみ

食道

食べたものが通る筋肉性の管。粘膜を分泌する腺があります。

そのう

食道の途中にある袋。食べたものをため、あたためてふやかします。

前胃（ぜんい）

1つめの胃。たんぱく質を分解する酸性の胃液を分泌してエサと混合し、次の胃（筋胃（きんい））に送ります。

筋胃

2つ目の胃。グリッドという砂のような物質で、胃液とまざったエサをすりつぶします。

小腸

すい臓や肝臓でつくられた消化液が分泌され、胃から送られた内容物をさらに消化し栄養を吸収します。

大腸

内容物の水分を吸収します。排せつ物をためないように、哺乳類とくらべてとても短いつくり。

すい臓

たんぱく質や炭水化物、脂質を消化する酵素を分泌して、消化を助けます。

肝臓

脂肪を消化する酵素をつくったり、栄養の貯蔵や有害物質の解毒・分解を行います。

総排せつ腔

おしりの穴の奥にある部屋で、腸管、尿管、卵管（精管）とつながっています。

五感

鳥は昼行性の生き物！

鳥は昼間に活動し、夜は眠る「昼行性」の動物です。明るい日差しのもとでものを識別するには視覚が有効です。そのため進化の過程で、鳥は五感のなかでも、とくに視力を発達させたと考えられます。

鳥の視力、動体視力は非常に優秀で、わたしたち哺乳類は到底かないません。さらに、色の識別能力にも大変優れています。鳥は、「三原色＋紫外線」を見分けられるとか！　インコが、あのように色とりどりなのは、色を見分けることができるからかもしれませんね。

そのほかの感覚も、鳥の生活に合わせて発達していますよ。

視覚

人間の５～８倍の視力。視野がとても広く、近い場所と遠い場所の2か所を同時に把握します。「三原色＋紫外線」を認識できます。

聴覚

可聴域は200～1万ヘルツくらい。頭を動かして音源の位置を特定。人間よりせまい範囲の音を、するどく聞いています。

嗅覚

実は、嗅覚はそれほど発達していないといわれます。ただ、においつきのエサを好む子もいるので、においの違いはわかるはず！

味覚

鳥は、味を感じる「味蕾（みらい）」の数が人間より少ないので、味にはあまりうるさくないよう。苦味をきらい、甘味を好む子が多い傾向が。

触覚

鳥は圧力、速度、振動を敏感に感知しているよう。ただし、温度や痛みにはやや鈍感。くちばしにもしっかり感覚があります。

成長

鳥さんの成長を見てみよう

成長に合わせたお世話を！

いつまでも愛らしいわが子を見ていると、つい、ずっと子どものままだと思ってしまうかも。しかし、ヒナのときから幼鳥時代、成鳥時代を経て、シニア期を迎えて…と、鳥も人と同じように、年をとるにつれて体も心も成長・成熟し、変化していきます。当然、食事選びや遊び方、お世話の方法も、愛鳥の成長段階に合わせて工夫していく必要があるでしょう。

　愛鳥の生活が一層豊かになるように、現在、わが子がどの成長段階にあるのか、今後どんな成長をしていくのか把握しておくことが大切です。

⚠ 成長には個体差があるため、月齢・年齢は目安です。

ヒナ

小型（セキセイ）	ふ化後約35日まで
中型（ホオミドリウロコ）	ふ化後約50日まで
大型（ヨウム）	ふ化後約6か月まで
ブンチョウ	ふ化後約25日まで

ふ化〜ひとり餌まで

- 生まれたばかりのヒナは、羽が生えておらず、目も開いていない。
- 羽が生えそろい、巣から出てくるようになったら少しずつ人に慣らしていく。
- ヒナは体温調節ができないため、保温に気をつけて！

幼鳥

小型	約35日〜3か月	大型	約6か月〜1歳半
中型	約50日〜6か月	ブンチョウ	約25日〜4か月

ひとり餌〜ヒナ換羽*まで

- ひとりでエサを食べられるようになることで、自我が芽生える。反抗的な態度をとることも。
- お世話では、たくさん愛情を注ぐこと。保温も必要。
- ひとり餌になったら、止まり木の練習をさせるなど、成鳥用ケージに慣らそう。

第一反抗期

自意識が芽生え、飼い主さんに依存していた状態から自立しようと、手助けを拒みます。

＊ おとなの羽に生えかわること。

若鳥

小型	約3〜8か月	大型	約1歳半〜3歳
中型	約6〜10か月	ブンチョウ	約4〜6か月

ヒナ換羽〜性成熟まで

- 社会性を身につける時期。人との関係が、親→パートナーへと変化する。
- ほかの鳥や人との関係を築いたり、放鳥時間、入ってはいけない場所などの"家のルール"を教えたりしよう。
- 病院への通院など、外出にも慣らそう。

成鳥

小型	約8か月〜4歳	大型	約3〜15歳
中型	約10か月〜6歳	ブンチョウ	約6か月〜3歳

繁殖に適した時期

- 性成熟直後は心と体のバランスがとれず、反抗的になることも。
- 体にエネルギーがみなぎるため、アクティブな遊びを心がけて！
- パートナーとの親密な関係を求めるので、繁殖をしないのであれば発情抑制を。

第二反抗期
人間でいう思春期。
飼い主さんに甘えたい気持ちと、干渉されたくないという気持ちがごちゃ混ぜになった状態です。

壮年鳥

小型	約4〜8歳	大型	約15〜30歳
中型	約6〜12歳	ブンチョウ	約3〜6歳

精神的に安定する円熟期

- 繁殖能力はあるが、繁殖障害が起きやすくなる。
- 生活習慣病（メタボ）が問題になりやすい。
- ケージ内で退屈しないよう、フォージング（➜P.97）などを工夫して！

高齢鳥

小型	約8歳〜	大型	約30歳〜
中型	約12歳〜	ブンチョウ	約6歳〜

老化があらわれる時期

- 運動能力や身体的機能が衰える。
- 変化を好まなくなるので、規則正しい生活を。
- ケージ場所の移動などもストレスとなるので注意。

ヒナ育て

ヒナが生まれるまでは？

ケージ越しに顔合わせ

ケージ越しに2羽を対面させ問題がなければ同居。うまくペアになれば、発情のタイミングで交尾をします。その後、メスは産卵準備のために頻繁に巣箱に入るように！

準備するもの

- **ケージ**
  巣箱を入れる分、広いサイズに。
- **巣材**
  巣材に使えるように、巣箱用のわらマットや植物繊維、新聞紙などを用意して。細い繊維は足に絡まることもあるので注意。
- **エサと水**
  発情を促すため、高カロリー・高たんぱくなエサを。ビタミンやカルシウムも不可欠！
- **巣箱**
  インコに合ったサイズのものを選び、穴を開けてワイヤーなどでケージに固定しましょう。

巣箱の上で交尾ができる高さに固定しましょう

巣引きをするかは慎重に…

巣引きとは、鳥を繁殖させること。必要な知識をしっかり学び、リスクと覚悟を備えてからにしてください。

- 時期は、インコやオウムなら春か秋、ブンチョウなら秋が望ましいです。
- 必ず健康診断を受けてから行って！
- 産卵～育雛（いくすう）中のメスの栄養管理には注意が必要。エサとは別容器で、カルシウム（ボレー粉など）は食べたいだけ食べさせて。ビタミンDはサプリメントで補ってください。
- セキセイインコの場合、一度の巣引きで5～6個の卵を産むので、全部の命にちゃんと責任をもてるか考えて！

ヒナがかえるまで、卵をあたため続けます。オスが抱卵(ほうらん)を手伝うことも。

オスはメスのために巣箱までエサを運び、吐き戻して与えます。

産卵～抱卵

巣箱の中で卵をあたためる

交尾から約１週間後、隔日（ブンチョウは毎日）で１個ずつ、計５個前後を産卵。メスは巣箱で、卵をあたためます。人のお世話は、食事とケージの敷き紙を交換するのみに。

注意

なかなか産卵しないとき

おなかがかたくなってから2日以上経過、または巣箱の外でうずくまっているときは卵塞(らんそく)（卵づまり）の可能性が。早急に病院へ。

ふ化～育雛

ふ化までの日数

セキセイインコ	約 **20** 日
オカメインコ	約 **23** 日
ラブバード	約 **23** 日
ブンチョウ	約 **16** 日

インコは20～23日でふ化！

産卵した順にヒナがかえります。メスは、まだかえっていない卵をあたためつつ、ヒナに吐き戻しでエサを与えます。ケージ内の温度を28～30℃、湿度60～70%（ヒナの場合は湿度を高く！）に保ち、栄養バランスのとれたエサを親鳥に用意しましょう。

ヒナ育て

ヒナの育て方

ヒナが巣箱を出てから人に慣らす

ヒナのお世話は親鳥に任せて、飼い主さんは見守るだけに。早い時期にヒナを巣箱から出してしまうと、将来的にストレスに弱くなったり、うまくコミュニケーションができなくなったりしてしまいます。

ヒナが巣箱から出てくるまでは、基本的にさし餌（え）は親鳥に任せます。両親とも人になついているなら、ヒナが巣から出てくるようになってから人に慣らしていきましょう。親が育児放棄をしている場合は、飼い主さんがさし餌をします。巣から出たヒナをすべて飼育用のプラケースに移したら、ケージ内の巣箱は撤去。次の巣引きを防ぐため、ペアの鳥も別々のケージへ移動を！

ヒナの成長

オカメインコの場合

2～4日目

生まれたばかりのヒナは羽が生えておらず、目は開いていません。

12～14日目

約1週間で目が開き、約2週間で全身に筆毛が生えてきます。羽の色も、徐々にわかるように。

21～30日目

顔つきもおとなに近づきます。手乗りにしたい場合は、このころから人に慣らしていきます。

これくらいに成長したらさし餌の開始です

加湿器
保温と同様、保湿も大事。ぬれタオルをケース付近に置いても◎。
プラケース
ケージは、保温能力の高いプラケースがおすすめ。
ヒナのケージセッティング
26.0
ヒーター
ヒナが直接ふれてケガをしないよう、ケージの外側に設置。
床材（キッチンペーパー）
キッチンペーパーを細かくちぎり、底に敷きます。汚れたらすぐ交換を。
温湿度計
ケージの外と中では温度・湿度に差があるため、必ずケージ内に設置して。

食べる以外は寝ている時間

巣箱を出てからも、ヒナはエサを食べる以外のほとんどの時間を眠って過ごします。睡眠は成長に不可欠！　飼い主さんは基本的に、さし餌以外でヒナに手を出してはいけません。ただし、さし餌のときに食欲があるか、そのう（食べると膨らむ胸の部分）の状態や健康に異常がないか、体が汚れていないかを確認しましょう。

保温がなにより大事

ヒナ飼育でいちばん重要なポイントは保温です。羽毛が生えそろっていないヒナは保温能力が低いので、ケージではなくプラケースに入れて育てます。その際、保温器具を使って、プラケース内が、つねに28～30℃の適正温度となるようキープしてください。

さし餌の方法

さし餌スキルはヒナ飼育に必須！

ヒナを育てるとき、親鳥は自分で食べたものを吐き戻してヒナに与えます。巣箱からヒナを出したあとは、親鳥に代わって飼い主さんが、さし餌をする必要があります。

さし餌は、昔はアワに卵黄をまぶした「アワ玉」というものを自作して与えていました。現在、市販されているアワ玉は、栄養バランスが偏るため推奨されません。さし餌には、信頼のおけるメーカーの栄養バランスが優れたパウダーフード（フォーミュラ）を使いましょう。

そのうに前のエサが残ったまま次のさし餌をすると、そのう停滞（↓P178）の原因となるので、必ず体重を量りながらさし餌を！

与え方

1. 体重を量る
2. さし餌をする

さし餌用のスプーンにエサをのせ、口先に差し出しましょう。自分から食べてくれます。

エサは温度計で約40℃に。冷たいと食べませんし、熱いとそのう内をやけどする可能性が。

1回の食事で、そのうがいっぱいになるまで食べさせて。食べると膨らむ胸の部分がそのうです。

3. 体重を量る
4. さし餌をした時間と体重を記録する

さし餌の方法

どのフードが適しているかはヒナの体調にもよるので、健康診断をして獣医師に相談を。やむを得ない事情がないのなら、パウダーフードが推奨されます。

◎ **パウダーフード**

必要な栄養素がバランスよく含まれていて、これのみで育てることができます。粉状なのでお湯で溶かして与えます。

○ **パウダーフード＋ムキアワ**

剝いたアワにパウダーフードを加えたもの。割合は獣医師に相談をして決めて。

さし餌の回数 ＊鳥の状態によっても変わります。

生後10～20日	1日10～12回
生後21～28日	1日4～6回
生後29～35日	1日2～3回

さし餌からひとり餌へ

ふ化後1か月ごろひとり餌へ移行！

小型インコなら、ふ化後1か月を目安に、自分でエサを食べられるように切り替えます。いきなりさし餌をやめるのではなく、まずはプラケースの中にシードやペレットをまき、さし餌の回数を減らします。シードやペレットを食べているなら徐々にさし餌の回数を減らし、翌朝の体重が減っていないか確認を。減ってしまったらさし餌を増やします。最終的にさし餌をしなくてもおとな用のエサを食べていれば、切り替え完了です。

ただし、ひとり餌(え)への切り替えはスムーズにいかないこともあり得ます。その場合は、すぐに病院で相談してください。

ひとり餌への切り替え準備

① 水入れも用意

ひとり餌への切り替えをはじめるときは、プラケース内に水入れも用意してあげて！

② 低めの止まり木を設置する

低い止まり木を用意して、止まり木に止まる練習をさせましょう。自立への手助けになります。

鳥さんとの散歩について

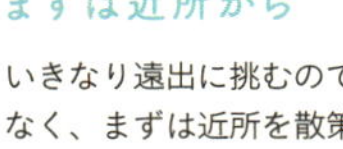

まずは近所から

いきなり遠出に挑むのではなく、まずは近所を散策したり、近くの公園に行ってみたり、短時間・短距離からはじめましょう。

散歩は鳥さんしだい！

散歩は、好きな子もきらいな子もいるので、無理にしなくても大丈夫。散歩をするときは、安全を第一に、愛鳥は自分が守るんだという気持ちをお忘れなく！

とくに感染症や植物中毒には気をつけましょう。

鳥さんは必ずキャリーに入れて

どんなに飼い主さんになついていても、外出中は絶対キャリーケースから出してはいけません。

気候を考えて！

暑すぎる時期、寒すぎる時期の散歩はやめましょう。

農薬や中毒を起こす植物に注意

鳥さんにとって危険な植物は数多くあります。万が一にも外で植物を食べてしまったりしないよう気をつけて。

⚠ 野鳥のフンに気をつけて！

野鳥のフンから、鳥インフルエンザや鳥クラミジア症などの感染症にかかる可能性があります。散歩中、ふれることがないように注意しましょう。

ハーネスやリードはやめておくのが無難

大型鳥さんのなかには、ハーネスやリードをつけることで、キャリーから出して散歩を行える子もいます。しかし、鳥が驚いて急に飛ぼうとしたときに、ケガをする可能性があるので注意しましょう。

今さら聞けない、鳥さんのあんなことやこんなこと。
5つの基礎知識、ここで教えちゃいます！

野生では どうやって暮らしてる？

ペアで群れをつくります

天敵におそわれやすい小型インコ（セキセイなど）はつねに多数の群れで行動し、大型インコは日中は数羽で行動して、夜はみんなで集まって寝ています。仲間どうし、地鳴き（➜ P.131）でコミュニケーションをとっていますよ。

群れのなかに ボスはいないの？

横の関係が大事

インコには主従関係がなく、群れをつくっていても序列はありません。あるのはペアの横のつながりだけ！　インコは、相手をどれだけ好きかで順位づけをします。

子育てはメスが行うの？

メス・オスいっしょに子育て

メスとオスが共同で子どもを育てるのが、鳥類の特徴です。産卵はメスのみですが、卵をあたためる抱卵から、自分で食べたエサを吐き戻して与えるさし餌（え）まで、メスとオスで愛情たっぷりの子育てを行います。

インコは一夫一妻制？

ペアが生きている間は一途

インコは、たったひとりの大好きな相手とだけペアになる、一夫一妻制。基本的に繁殖のたびにパートナーを変えることはありませんが、なかには気の多い子（オスのセキセイ）も…。オオハナインコは1羽のメスが産卵・抱卵すると、複数羽のオスがエサを運んできてくれます。

どれくらい長生きするの？

なかには100歳を超えるご長寿も

セキセイインコなどの小型種の場合、平均寿命は10年前後。しかし、ヨウムなどの大型種の場合、50年以上生きる子も珍しくありません。コンゴウインコでは、100歳を超える子もいます。

われわれは長生きな動物です。寿命も考えてお迎えしてくださいね

BIRDSTORY'S ストーリー

鳥さんの魅力♡

目が横についているため、
首をかしげた
かわいいポーズで
目が合う瞬間

ジー…

放鳥しようとケージに
近づくと、
「ヨシキタ！」と
準備運動をはじめる瞬間

のび〜〜

放鳥時に
「カイヌシーーー！」
という感じで、全力で
飛んできてくれる瞬間

カイヌシー!!

水浴びの器に止まり、
水浴び要求してくる瞬間

みずあび

はよ

にょき にょき

あたまかいてー

これからも、
もっとたくさんの
愛らしい瞬間を
味わいたいと思います♪

インコカルテ

愛する子には、なるべく長く健康に
過ごしてほしいもの！
そのために、健康診断や病気、万が一の
応急処置について知識をつけましょう。
飼い主さんは、愛鳥の健康を守る義務があるのです。

健康

健康診断を受けよう

鳥さんの健康を守ろう

人間の健康診断と同じように、複数の検査で鳥さんの健康状態を診断することができます。

健康診断を受けることで、愛鳥の健康状態を把握でき、なにより病気の早期発見に役立ちます。1年に2～3回は受診するのがベスト。必要な検査項目は鳥種や年齢などによって異なるので、獣医師と相談して決めます。

健康診断を受ける病院は、鳥さんをしっかり診察してくれるところを選んで！大事な鳥さんの健康を任せるので、知識・技術・設備ともに信頼できる病院を見つけましょう。

どんな検査を受けたらいい？

基本的に受けたい検査は以下の通り。
獣医師と相談して、検査項目を決めましょう。

【 毎年受ける定期健診 】

- ☐ 身体検査
- ☐ 糞便検査
- ☐ そのう検査
- ☐ 一部感染症検査（鳥クラミジア症など）

【 鳥さんのお迎え時 】

- ☐ 身体検査
- ☐ そのう検査
- ☐ 糞便検査
- ☐ 感染症検査

（小型～中型種：PBFD、BFD、鳥クラミジア症など
大型種：PBFD、BFD、鳥クラミジア症、ヘルペスウイルス、鳥抗酸菌症など
ブンチョウ：鳥クラミジア症など）

【 年齢とともに追加したい検査 】

- ☐ X線検査
- ☐ 血液検査

（年齢とともに内臓の機能が低下してくるので、
X線検査や血液検査を追加しましょう）

年齢に適した
検査を受けましょう

病院ってどんなところ？

お医者さんぎらいな子は多いですよね
ぼくきらい！
わたしも

でもとても大切な人なんですよ
わたしたちがつらいときに治してくれたり

フムフム
飼い主さんにわたしたちのことを細かく教えてくれたり

だから、お医者さんにはがんばってついていきましょうね！
は〜い

健康診断の流れ

1 予約をする

鳥の病院は予約制のことが多いです。検査項目は、事前に相談して！複数日分の便など、検査に必要なものを確認しておきましょう。また、料金もあらかじめ確認を。

2 当日、病院に行く

お世話シート（→ P.190）と、病院から指定された検査に必要なもの（便や尿など）を持っていきます。

ふだんお世話をしている人が連れていこう

問診は飼い主さんの役目。インコの健康状態をきちんと説明できるように、いつもお世話をしている人が付き添って。

3 検査結果を聞き、帰宅

検査結果により、必要であれば薬をもらいます。薬の名称や目的、投薬のしかたをきちんと教えてもらいましょう。

問診

検査内容

鳥さんの健康状態を、鳥さんの代わりに飼い主さんが説明します。少しでも気になる変化があれば、この場で相談しましょう。

身体検査

視診、触診、聴診を行います。保定（ほてい）に慣れている子だとスムーズに進みます。また、正しく保定できるかが、信頼できる獣医師の条件のひとつ。

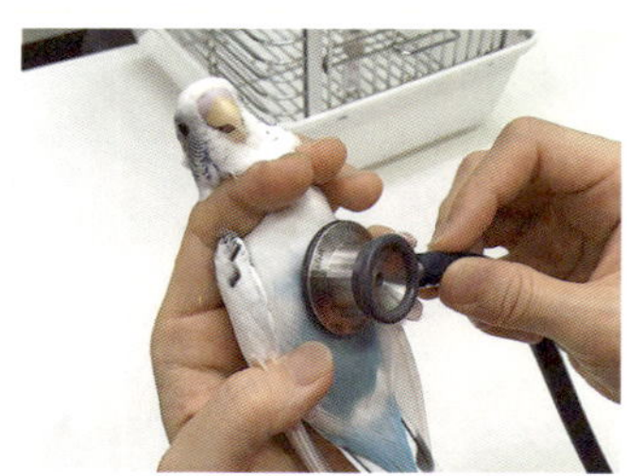

聴診

聴診器を当て、心音や呼吸音を確認。異常な音がないかもチェック。

わかること　心臓、肺の異常　など

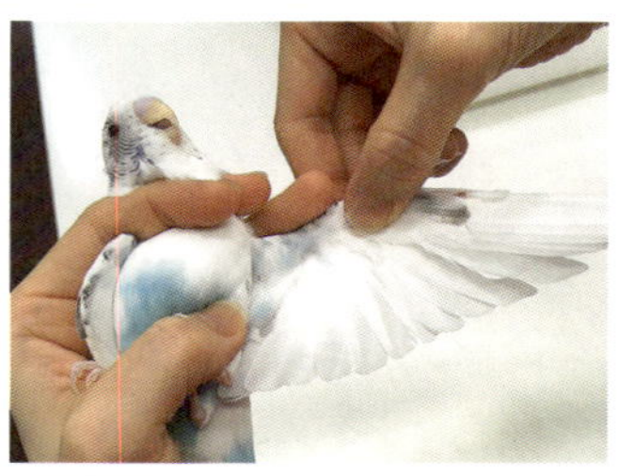

視診 触診

直接インコの体にさわりながら、異常がないかを調べます。

わかること　体の腫れ、羽の異常、骨・爪の異常、肥満度　など

そのう検査

専用の器具でそのう液を採取し、顕微鏡で調べます。

わかること　細菌、真菌、寄生虫、炎症

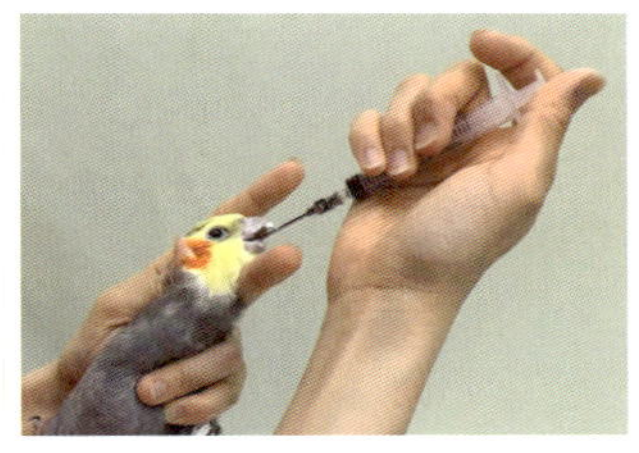

X線検査

鳥を保定しながらX線写真を撮影。骨や呼吸器、甲状腺や肝臓など内臓の大きさや形に異常がないかを確認します。

わかること　骨の異常、内臓疾患　など

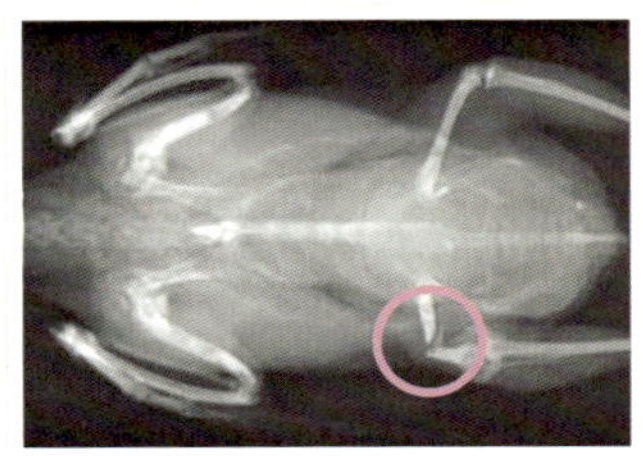

セキセイインコの右大腿骨骨折。

糞便検査

新しい便を顕微鏡で調べます。糞尿の持参方法は病院に確認を。

わかること　細菌、真菌、寄生虫、消化状態

感染症検査

便や血液を採取して病原体の遺伝子を調べ、感染症の有無を検査。

わかること　PBFD、BFD、鳥クラミジア症　など

どの感染症を調べるかは健康状態を確認してもらい、獣医師と相談を

血液検査

血液を採取し、血球の状態や内臓に異常がないかを調べます。

わかること

貧血、内臓疾患、代謝性疾患など項目により異なる

健康

毎日の健康チェック

ふだんからよく観察をすること！

野生下では、鳥さんは敵からおそわれる側、つまり被捕食動物です。体の不調に気づかれたら敵に狙われる危険が増すため、鳥さんは不調があっても隠そうとします。それは飼育下であっても同じこと。目に見えて鳥さんの調子が悪そう…と、飼い主さんが気づいたときには、病状がかなり進行していてもおかしくありません。

大切なのは、鳥さんの異変にいち早く気づけるかどうか。そのためには、健康な状態を把握しておくことです。毎日体重を量り、体にさわったり、スキンシップをとったりしながら、❶排せつ物、❷体のようすをチェックしましょう。

排せつ物チェック

○ 正常なフン

☐ 尿酸

☐ 水分尿

☐ 便

また、ふだんとようすが違うところが見られたら〝ようす見〟はせずに、すぐに動物病院へ連れていってください。定期健診を受けている病院なら、その子の健康などきを獣医師がわかっているので安心です。また、1年に2〜3回は健康診断を受けて、病気の早期発見に努めましょう。

✕ 異常なフン

粒便
（シードが消化されずにそのまま排せつ）

胃の機能低下

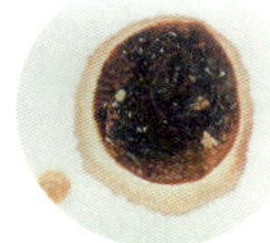

赤い血がまじる

腸の病気、生殖器の病気、総排せつ腔の病気

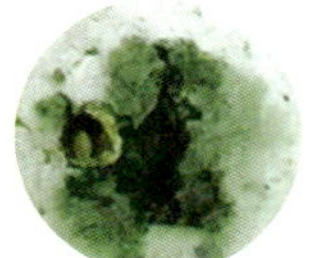

エメラルドグリーン

金属中毒

こげ茶～黒

胃や十二指腸からの出血

白

すい臓の病気

緑色で泥状

絶食時

異常な尿

多尿
（水分尿が多い）

水を飲む量が多かったり、糖尿病や腎疾患などの病気が疑われる

黄尿
（尿酸が黄色）

肝疾患や、溶血性疾患

緑尿
（尿酸が緑色）

黄尿が重症化したもの

ほおの羽が汚れている

- 外耳炎

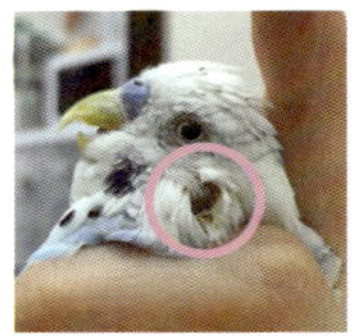

外耳炎により、
耳羽が汚れている。

体のチェック

おもな
病気の説明
はP.178に！

羽の異常

成鳥になってから羽の色が変わる

羽の色が青色から
白色に変わったセ
キセイインコ。

羽の質が悪い

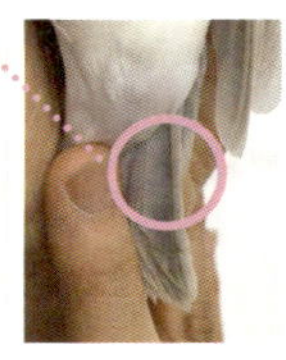

- ストレスライン
（尾羽に横線が入ること）
- 風切羽が細かい
- ダウンフェザー
（皮膚に近いところに
生える下羽）が長い

羽が抜ける

- 感染症（PBFD、BFD）
- 肝臓の病気
- 甲状腺の病気

そのほか

- 栄養障害
- 羽毛損傷行動（毛引き、羽咬、自咬）
- 皮膚の病気　など

おなかが腫れている

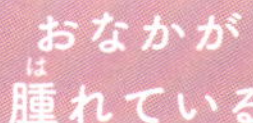

→ P.174

目・鼻のまわりが ぬれている、腫れている

- 感染症
  （鳥クラミジア症、マイコプラズマ症）
- 鼻炎、副鼻腔炎
- 目の病気
- ケガ　など

くちばしの異常

色が紫

- 肺炎、気のう炎
- 心疾患、動脈硬化
- 甲状腺腫
- 寒さ　など

くちばしが伸びている、内出血

- 感染症（PBFD、BFD）
- 肝炎、脂肪肝
- 鼻炎、副鼻腔炎
- 不正咬合
- ケガ　など

白いかさぶたができる

- 疥癬症

爪の異常

伸びすぎ

- 止まり木が足に合っていない（→P.49）　など

内出血、爪がもろい

- 肝臓の病気　など

爪内の出血。

おもな病気の詳細は → P.178-179

症状から考えられる病気

そのしぐさ、病気の症状かも

体調が悪くても、鳥さんは「卵がつまっているから、おなかが痛いの」と説明することができません。だから、体調不良に気づくのは飼い主さんの役目。

専門的な知識がなくても大丈夫です。いつもと違うしぐさや、病気のときに見せる動き、体の変化を知っていれば、病院に連れていくことができるはず。病院に行けば、獣医師が診断してくれます。

いちばんやってはいけないのは、異変を楽観視すること！　ようす見をしている間にどんどん症状が悪化して、手遅れになることもあります。過保護になるくらいがちょうどよいです。

こんな症状が見られたらすぐに病院へ!!

- 便が黒い
- 便がエメラルドグリーン
- 便が出ない
- 吐き気が止まらない
- 呼吸が荒い
- 発作が止まらない
- おしりからなにか出ている
- ふらついている、足の力が弱い
- くちばしの色がうすい、または紫色
- 床にうずくまっている

とくに、うずくまるときはいろいろな病気が重症化していることが多いので、至急病院へ！

吐いている

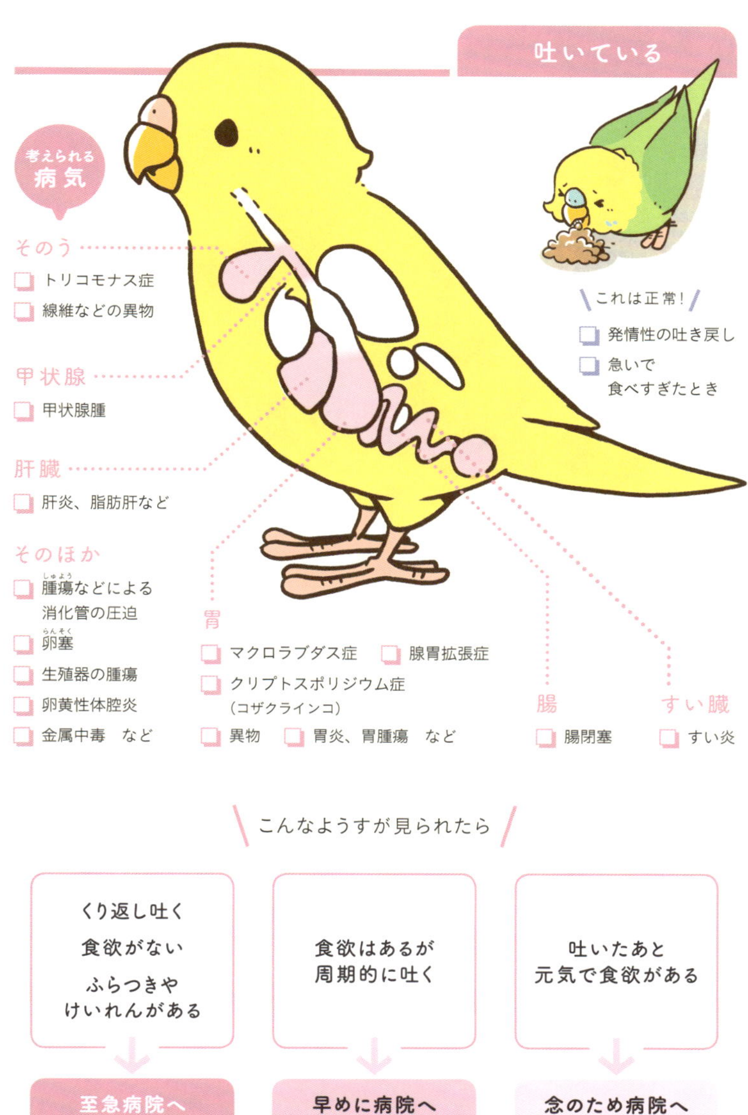

考えられる病気
そのう
トリコモナス症
線維などの異物
甲状腺
甲状腺腫
肝臓
肝炎、脂肪肝など
そのほか
腫瘍などによる消化管の圧迫
卵塞
生殖器の腫瘍
卵黄性体腔炎
金属中毒 など
胃
マクロラブダス症
腺胃拡張症
クリプトスポリジウム症（コザクラインコ）
異物
胃炎、胃腫瘍 など
腸
腸閉塞
すい臓
すい炎
これは正常！
発情性の吐き戻し
急いで食べすぎたとき
こんなようすが見られたら
くり返し吐く
食欲がない
ふらつきやけいれんがある
至急病院へ
食欲はあるが周期的に吐く
早めに病院へ
吐いたあと元気で食欲がある
念のため病院へ

おなかが腫(は)れている

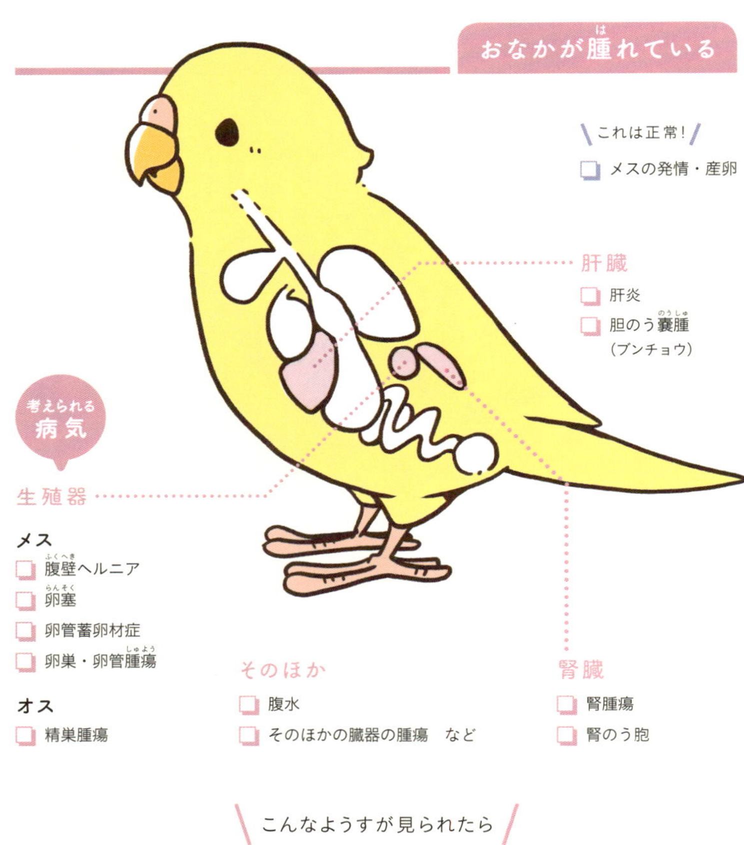

\ これは正常! /

- メスの発情・産卵

考えられる病気

肝臓

- 肝炎
- 胆のう嚢腫(のうしゅ)（ブンチョウ）

生殖器

メス

- 腹壁(ふくへき)ヘルニア
- 卵塞(らんそく)
- 卵管蓄卵材症
- 卵巣・卵管腫瘍(しゅよう)

オス

- 精巣腫瘍

そのほか

- 腹水
- そのほかの臓器の腫瘍　など

腎臓

- 腎腫瘍
- 腎のう胞

\ こんなようすが見られたら /

おなかが腫れていて、食欲がなく吐いている 膨らんでうずくまっている 足の力が弱い	食欲はあるが、元気がなくおなかが腫れている	元気・食欲はあるが、産卵が終わったのにおなかが大きい
↓	↓	↓
至急病院へ	**早めに病院へ**	**念のため病院へ**

足を引きずる、足を上げる

こんなようすが見られたら

足が腫れている
足を上げたまま止まり木につけない
元気・食欲がない
ほかにも異常がある

↓

至急病院へ

足は上げるが止まり木は握れる
元気・食欲がある

↓

念のため病院へ

水をたくさん飲む、オシッコの量が増える

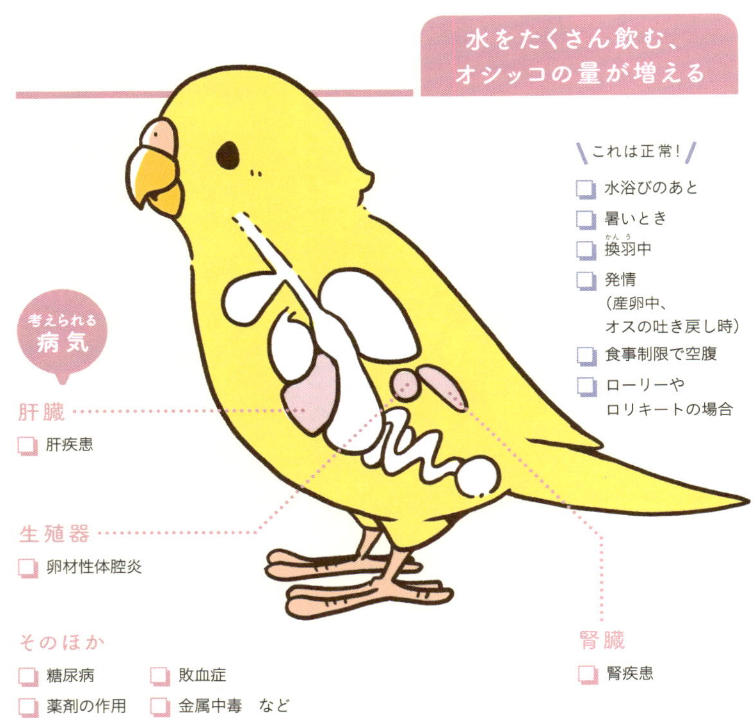

\ これは正常! /

- 水浴びのあと
- 暑いとき
- 換羽(かんう)中
- 発情（産卵中、オスの吐き戻し時）
- 食事制限で空腹
- ローリーやロリキートの場合

腎臓

- 腎疾患

そのほか

- 糖尿病
- 敗血症
- 薬剤の作用
- 金属中毒　など

\ こんなようすが見られたら /

元気・食欲がない あるいはほかに体の異常がある	元気・食欲はあるが「正常」の項目に当てはまらない	元気・食欲はあるが 換羽中 暑がっている 産卵中、吐き戻し中
↓	↓	↓
至急病院へ	早めに病院へ	換羽が終わっても／温度調節をしても／産卵が終わっても尿量が多ければ念のため病院へ

くしゃみ・鼻汁がある

考えられる病気

鼻

- 鳥クラミジア症
- マイコプラズマ症
- 細菌感染
- 真菌感染
- ロックジョー症候群（オカメインコ）　など

クシュ!! クシュ!!

元気・食欲が低下して呼吸が苦しそう／呼吸音がある	くしゃみをくり返していて鼻汁を伴う	元気・食欲はあり、くしゃみは一時的で鼻汁はなし
↓	↓	↓
至急病院へ	早めに病院へ	念のため病院へ

せきをする、呼吸音がする、呼吸が苦しそう

考えられる病気

甲状腺

- 甲状腺腫

そのほか

- 体腔内腫瘍（しゅよう）による圧迫
- 脚気（かっけ）
- 低カルシウム症
- 卵塞（らんそく）　など

心臓

- 心疾患

肺・気のう

- 感染症（鳥クラミジア症、マイコプラズマ症、アスペルギルス症）
- 誤嚥（ごえん）
- 吸入中毒
- 肺腫瘍　など

正常では、せきをしたり呼吸が苦しくなることはまずないのでこれらの症状に気がついたら

↓

至急病院へ

おもな病気一覧

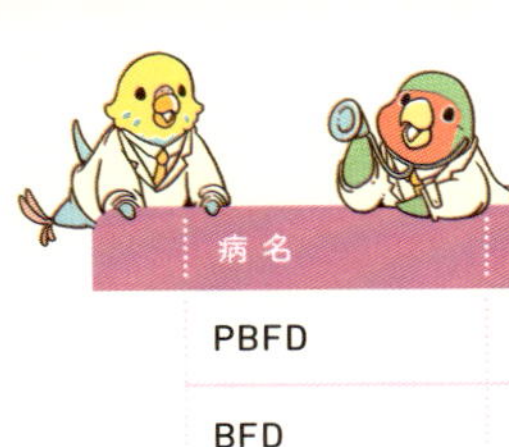

	病名	症状
ウイルスや細菌による感染症	PBFD	羽の変形や脱羽、免疫力の低下などを引き起こすウイルス性疾患。幼鳥時に発症することが多い。便や脂粉を介して感染する。
	BFD	羽の変形や脱羽を引き起こすウイルス性疾患。成鳥は感染してもほとんど発症しないが、幼鳥は突然死することも。便や脂粉を介して感染する。
	鳥ボルナウイルス感染症	消化器症状（食欲不振、吐き気）や神経症状（発作、足の力が弱くなる）があらわれるウイルス性疾患。潜伏期間や感染経路など、わかっていないことも多い。
	鳥クラミジア症	人にもうつるクラミジアによる感染症。くしゃみ・鼻水、呼吸が苦しいなどの呼吸器症状や、下痢・尿酸色の変化（黄～緑色）が見られる。唾液、鼻水、便などから感染する。人ではインフルエンザのような症状が見られる。
	マイコプラズマ症	呼吸器症状（目が赤い、くしゃみ・鼻水、呼吸が苦しいなど）を引き起こすマイコプラズマによる感染症。鼻水などとの接触や空気から感染する。
	鳥抗酸菌症	マイコバクテリウムという細菌による感染症。肝臓などの内臓や、目のまわり、皮膚に肉芽腫（にくがしゅ）というしこりができる。人にもうつる可能性がある。
	アスペルギルス症	アスペルギルスという空気中にふつうに存在する真菌（カビ）に感染し、呼吸器症状を引き起こす。免疫力の低下も発症の原因の1つ。
	マクロラブダス症	別名メガバクテリア症、AGY症。マクロラブダスという真菌が胃炎を引き起こし、食欲不振、嘔吐、粒便、黒色便などがあらわれる。とくにセキセイインコの幼鳥に広く感染する。
	トリコモナス症	トリコモナスという寄生虫が口・食道・そのうに感染し、口腔内の違和感や、口のネバつきを引き起こす。重症化するとエサがのみこめなくなったり、顔に膿（うみ）ができたりする。
	ジアルジア症	腸管内にジアルジアという寄生虫が感染する病気。成鳥の多くは無症状だが、一部で下痢を引き起こす。
	疥癬症	トリヒゼンダニが、くちばしのまわりや足の指に白色の病変をつくる。かゆがる場合は足をタップしたりかんだりする。免疫力の低下で発症することが多い。
消化器系	そのう炎	さし餌が熱すぎたり、チューブでそのうを傷つけたりすることによって起こる。成鳥ではほとんど見られない。そのうが赤くなったり食欲の低下が見られる。
	そのう停滞	そのうにエサや飲み水が長時間たまってしまう状態。幼鳥では不適切なさし餌が原因であることが多いが、成鳥ではほかの病気から二次的に起きる場合もある。
	胃炎・胃腫瘍	マクロラブダスや有害金属の誤食、ストレスによって起こるが、原因がわからないことも多い。食欲不振、吐き気、嘔吐、黒色便などが見られる。
	腸閉塞	排せつ物に便が含まれず、尿のみとなる。消化管の機能が停止している場合と腸に結石や寄生虫などがつまっている場合がある。緊急性の高い病気のため、排せつ物が尿のみとなったら即、動物病院を受診すること。
	肝炎	さまざまな病原体（鳥クラミジア症、鳥抗酸菌症、細菌、ウイルスなど）によって肝臓に炎症が起こる。原因不明のことも。元気・食欲が低下するほかに、くちばしが異常に伸びる（過長）、羽の色の変化、くちばしや爪に内出血ができるなどの症状が出る。
	脂肪肝症候群	エサの食べすぎやメスの過発情によって肝臓に脂肪がたまる。初期では無症状だが、だんだん肝機能が低下し、食欲が低下すると一気に悪化する。肝炎のようなくちばしの過長などが見られることもあり。
呼吸器疾患	鼻炎・副鼻腔炎	クラミジア症、マイコプラズマ症、細菌、真菌などの感染によってくしゃみ、鼻水が出る。顔のまわりが腫れてくると難治性となることも。
	肺炎・気のう炎	クラミジア症、マイコプラズマ症、細菌、真菌などの感染や誤嚥（ごえん）によって肺や気のうに炎症を起こす。せき、声が出ない、呼吸が苦しそうなどの症状があらわれる。緊急性のある病気。

生殖器	卵塞(らんそく)	予定日を過ぎても卵が産まれない状態。過産卵や低カルシウム血症、卵の形成異常が原因のことも。無症状から急変することもある。
	卵管蓄卵材症	卵管内に異常分泌された卵材が蓄積し、おなかが腫れる。元気・食欲が低下しないこともある。
	卵管炎、体腔炎	卵管や体腔に感染が起こったり卵材がもれたりして炎症が起こる。急な元気・食欲の低下、うずくまりが見られ、緊急性の高い病気。
	卵管脱、総排せつ腔（クロアカ）脱	排せつ口から卵管や排せつ腔が反転して脱出する（おしりから赤い粘膜が脱出)。総排せつ腔脱は産卵時に伴うことが多く、卵管脱は生殖器の腫瘍や発情時に踏んでしまったりすることで起こることが多い。緊急性の高い病気。
	卵巣・卵管腫瘍	卵巣や卵管が腫瘍化し、おなかが腫れる。過発情が原因の1つ。呼吸が早くなったり、食欲低下や吐き気があらわれる。腹水がたまると、せきを伴うこともある。
	精巣腫瘍	精巣が腫瘍化し、おなかが腫れる。過発情が原因の1つ。セキセイインコで多く見られ、おなかが腫れる前にろう膜（鼻）の色が変化することが多い。
	腹壁(ふくへき)ヘルニア	腹筋がさけて、腸や卵管などが皮下に脱出し、おなかが膨らんで見える。過発情・過産卵が原因の1つ。元気・食欲はあることが多いが、悪化すると自力で排便できなくなることもある。
泌尿器系	腎不全・痛風	感染や中毒、循環不全により腎臓に障害が生じ、腎機能が低下する病気。腎機能の低下により内臓や関節に尿酸結晶がたまることを痛風という。関節痛風は関節が白く腫れて痛みを伴う。
	腎腫瘍	腎臓が腫瘍化し、おなかが腫れる。呼吸が荒くなったり、足の持ち上げや麻痺が見られることが多い。
循環器	心疾患	感染、肝疾患や腎疾患、加齢などにより心臓の機能が低下する病気。くちばしの色がピンクから紫色に変色したり、呼吸が苦しくなったりする。突然死の原因の1つと考えられている。
	動脈硬化	動脈壁に脂質や炎症細胞が沈着し、血流障害を起こして心臓に負担がかかった状態。肥満、メスの過発情、肝不全などが原因となる。突然死の原因の1つと考えられている。
代謝・栄養系	甲状腺腫	ヨード不足により甲状腺が腫れ、周囲の組織を圧迫する。せき、ヒューヒューといった呼吸音、声が出ない、呼吸が荒くなる、エサの通過が悪くなるなどの症状が。
	甲状腺機能低下症	甲状腺ホルモンが低下することにより、換羽不全、異常羽毛（綿羽が過長、色の変色)、高脂血症などを引き起こす。
	糖尿病	血糖値が上昇する病気。多飲多尿で気づくことが多い。原因はすい疾患が疑われるが、肝疾患などから続発することもある。ふらつきやけいれんを起こす場合も。
	脚気(かっけ)	アワ玉のみでさし餌をされた幼若鳥に多く見られる。ビタミンB_1不足により足の麻痺、けいれんがあらわれたり呼吸が荒くなったりする。
	くる病	カルシウム、リン、ビタミンDの不足により骨が正常に発育せず、湾曲したり成長が遅れたりする。適切なさし餌を与えることが重要。
	ペローシス（開張趾症(かいちょうししょう)、腱はずれ）	遺伝、ふ化環境、ミネラル不足などが原因で、ヒナのときに足が開いて立てなくなる病気。早期の対処で治ることも多い。
そのほか	重金属中毒	鉛や亜鉛などの金属を摂取し、嘔吐、溶血、神経障害、肝障害などを引き起こす。緊急性の高い病気。エメラルドグリーンの便は重金属中毒が強く疑われる(➜ P.169)。
	外耳炎(がいじえん)	感染によって外耳に炎症が起こる。コザクラインコに多く、外耳孔周囲の羽が汚れる(➜ P.170) ことでわかることが多い。
	羽毛損傷行動	毛引き（羽を抜く)、羽咬（羽をかむ)、自咬（皮膚をかじる）などの行為の総称。病気が原因の場合と精神的なストレスが原因の場合が。精神的な場合、ヒナのときに早期から親やきょうだいと離されることで発症率が高くなるとされている。

万が一のときの応急処置

落ち着いて対応しよう

どれだけ事故や病気の予防をしていても、突然の発作や放鳥中のケガなど想定外のことは起きてしまうもの。そうなったら、飼い主さんが応急処置をしなければなりません。応急処置を行ううえで大事なのは、

- 飼い主さんがパニックにならない
- 病院に指示を仰ぐ

以上の2つ。まずは飼い主さんが冷静になり、病院へ電話して処置方法を指示してもらいましょう。素人判断での処置は、悪化させる危険性があるのでやめてください。

P182の処置方法を勉強しておけば、いざというときに冷静に対応できます。

応急処置のポイント

1 まずは病院へ電話を！

異変が見られたらすぐに電話をし、症状をくわしく伝えます。病院へ連れていくか、自宅手当てかの指示を仰ぎます。

2 気になることは病院へ連絡を

自宅手当てといわれたものの、悪化しているようすだったら迷わず病院へ電話をして相談しましょう。

緊急時に気をつけたいこと

傷口にさわらない

傷口が気になっても、直接さわってはいけません。血が止まっているか、鳥さんが気にしていないか観察します。

冷静に行動を!

飼い主さんが心配のあまりパニックになると、インコもつられてパニックになってしまいます。「大丈夫だよ」とやさしく声をかけ、インコを安心させて。

自己判断で薬を使わない

似たような症状でも原因は異なるので、以前処方された薬を独断で使うのはやめましょう。人間用の薬を使うのも、もちろんダメ。

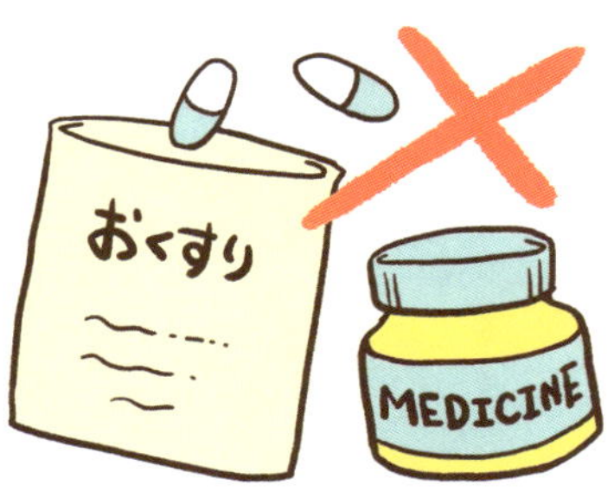

電話では症状をわかりやすく伝えよう!

いつから?

→ 今朝から

どんな症状が?

→ 全身をバタバタさせてけいれんしている

どれくらい続いている?

→ 30分くらい

現在のようす

→ 食欲がない

原因の心当たり

→ 昨日までは元気で、エサ以外は食べていない

発作

冷静に鳥を観察して。発作が数分で収まる場合は、そのまま静かにようすを見ましょう。さわいで鳥を刺激してはいけません。発作が止まらない場合は、動物病院で緊急の対処が必要になることもあります。ケージの中でバタバタしてぶつかってしまうなら、そっと手で囲ってあげてもかまいませんが、無理におさえると呼吸ができなくなったり骨折してしまったりするので注意が必要です。いずれの場合も、かかりつけの病院に相談しましょう。

発作とは、「自分の意思と関係なく、全身あるいは体の一部が動いている」という状態のこと。ギャギャギャと鳴き声が伴うことも。

おしりから なにか出ている

まずは、出血しているか確認しましょう。できれば、なにがおしりから出ているのかよく見てみます。赤い粘膜なのか、卵や卵材（卵の出来損ない）なのか、その両方のこともあります。出ているものにむやみにさわるのはよくないので、なるべく早く動物病院へ行きましょう。

足や翼を痛がる

ケガの場合は、動くと余計に痛みがひどくなるので、キャリーやプラケースに入れておとなしくさせましょう。病気でも体を痛がる場合がありますし、骨折していたら早急に治療を受ける必要があるので、痛がるようすが見られたら病院へ。

出血している

まず、どこから出血しているのか、
血が止まっているのかをよく確認しましょう。

爪切りで出血

「クイックストップ」という止血剤がペットショップなどで販売されているので、爪切りをする場合は、あらかじめ用意を。出血部に塗ればすぐに血は止まります。

パニックで羽から出血

生えかけの羽は軸に血管が通っているので、ぶつけたりして傷がつくと血が止まらないことがあります。折れた羽を抜けば出血は止まりますが、うまくできなければ動物病院へ。

ほかの鳥にかまれて出血

出血部位を清潔なガーゼや綿棒で1〜2分間圧迫して、そっと離します。それでも血が止まらないようなら動物病院へ連れていって。

止血剤は爪やくちばしだけに!

止血剤（クイックストップ）は、爪やくちばしの出血のみに使ってください。刺激が強いため、皮膚の傷口に塗ってはいけません。

やけど

やけどをしたのが足の場合、すぐに流水で患部を冷やしましょう。そのとき、体をぬらさないように注意を。やけどをしたのが足以外なら、自宅で処置はせずにすぐに病院へ連れていって。

誤食

鳥さんの誤食に気づいたら、すぐに病院へ行きましょう。吐き気や多尿を伴っていたら緊急事態です。誤食したものがわかっているなら、同じものを病院に持っていって。鳥さんが誤って食べてしまう可能性があるものは、届く場所に置かないことが大事です。

中毒を起こす危険があるもの

- アクセサリー
- 亜鉛メッキの鈴やチェーン
- ステンドグラス
- 洗剤　など

看護

看護について

病気は突然なってしまうもの

あまり考えたくないことですが、いくら飼い主さんが健康に気をつけていたとしても、愛鳥が病気になってしまうことはあります。症状によっては、入院することも、自宅で看護することも…。突然の愛鳥の病気に慌てることがないよう、いざというときの準備と心構えをしておきましょう。

自宅看護でもっとも重要なことは、保温です。病気になると食欲がなくなるため、体温も下がってしまいます。すると、ますます食欲がなくなり体力が消耗するという悪循環に。看護スペースは、鳥が膨らまなくなる温度（目安は28〜30℃）にしましょう。

看護のポイント

1 適温を維持する

鳥が羽をぶわっと膨らませているとき（膨羽）は、寒さを感じている証拠です。病鳥が膨らまなくなる温度を探し、保温電球やパネルヒーターを使って、適温をキープしてください。

2 夜はエサが見えるくらい明るく

鳥さんの食欲が落ちている場合に備えて、周囲を真っ暗にするのではなく、エサがどこにあるのかわかるくらいの明るさにしましょう。

3 好物を用意する

食欲の減退は体力消耗をまねきます。健康なときから、ごはんを食べてくれないときのために、「これなら食べる!」という好物をつくっておくと安心です。

保温のしかた

鳥がケージに入った状態の保温と、
プラケースに入った状態の保温を紹介します。
自宅の環境と、愛鳥のようすを考えて、最適な保温環境を用意してください。

ケージの場合

柵や支柱を立てる

ビニールシートをかぶせる

サーモスタット

28.0

温湿度計はケージのそばに

鳥がいるケージから離れた場所では、温度・湿度が異なります。必ず、看護スペースのそばに設置しましょう。

ペットヒーターはビニールシートとくっつかないところに！

ケージにシートをかぶせるときは…

ケージにかけるビニールシートは、よく干してビニールのにおいがなくなってから使いましょう。また、ビニールシートは、鳥にかじられない位置になるよう、ケージから少し離してかけられる工夫を！

鳥が動きまわるのを防ぐ場合は、プラケースを使って看護スペースをつくりましょう。

プラケースの場合

ケージに保温電球をかける

ケージの中にプラケースを入れて、ケージ柵の内側に保温電球を設置。ケージの上からビニールシートをかけましょう。ケージ全体を覆うのではなく、少しだけすき間をあけるように気をつけて。

パネルヒーターを使う

プラケースの下に敷くときは、半分だけ敷いて熱いときに逃げられる場所をつくって。ちゃんと温度が上がっているか確認を。

アクリルケース＆ブックスタンドを使う

アクリルケースを使うときは、アクリルケースとプラケースの間にブックスタンドを立て、そこに保温電球をかけましょう。

止まり木に止まれなくなったら

病気や加齢で足が弱り、止まり木に止まれなくなったら、
転落事故を防ぐために止まり木について配慮しましょう。
鳥の状態に合わせたケージレイアウトを心がけてください。

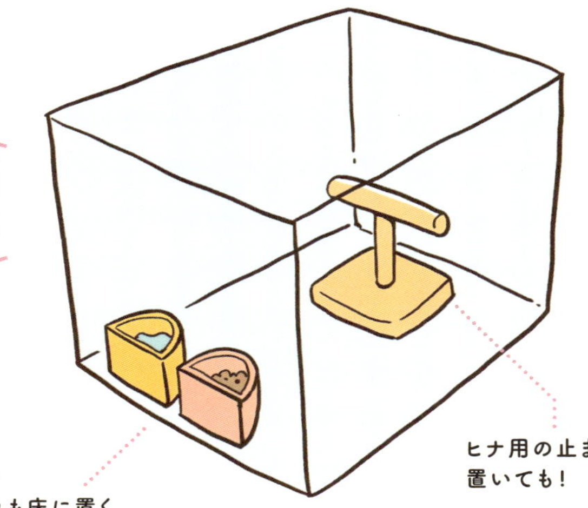

水入れとエサ入れも床に置く

床にエサや水を置くときは、容器が倒れないように陶器の容器を使ったり、小さいエサ入れにして、両面テープで固定したりしてください。

フン切り網をはずす

ケージを使用するときは、足を引っかけてケガをしないよう、フン切り網をはずしてフラットな底にしましょう。

ヒナ用の止まり木を置いても！

鳥は止まり木に止まると落ち着きます。止まり木を握ることができるなら、ヒナ用の低い止まり木や、シリコンチューブなどで代用して、止まり木を用意してあげて。

自宅看護でなにができるか考えよう

病気は、ある日突然訪れます。闘病生活が長くなることだってあり得ます。長くなれば、通院費用や看護の時間もかかります。そんなとき、飼い主として愛鳥になにができるのか、家族の協力を得られるのか…。いざというときに慌てないよう、事前に家族や病院と相談しておきましょう。

注意

金網をよじのぼってしまう子は

ケージ内の止まり木を取り除くと、鳥が高いところへ行こうとして金網をよじのぼってしまうことがあります。その場合は、ケージではなくプラケースを使ってください。

投薬のしかた

投薬方法は病院で相談を

鳥が病気をして自宅看護が必要になったら、飼い主さん自身で毎日決められた薬を飲ませなくてはなりません。そして、直接投薬や目薬をさすときは、保定(ほてい)ができることが大前提です。

薬の与え方には、直接投薬と飲水投薬がありあます。鳥さんの性格や薬の種類によって、どちらが適しているか獣医師と相談しましょう。

ただし、どうしても薬をじょうずに飲ませることができない場合、「今日はできなかったからいいか…」というわけにはいきません。すぐに病院に相談してください。

保定のしかた

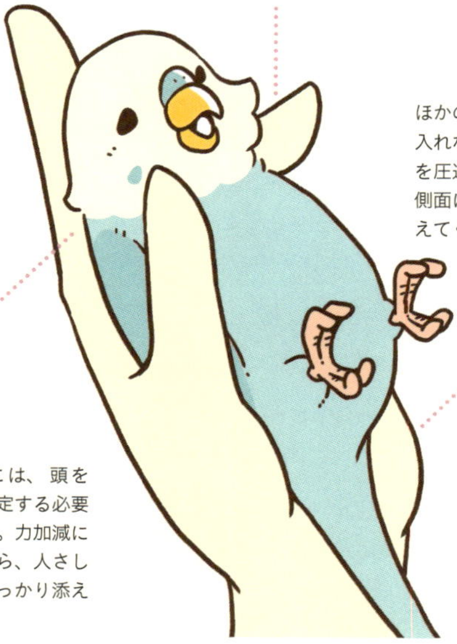

苦い薬を与えた場合など、頭を振って逃げようとするので、親指と中指でアゴを支えて、頭が左右に振れないようにします。

ほかの指は、あまり力を入れないように。おなかを圧迫しないよう、体の側面に指を添える形で支えてください。

投薬するには、頭をしっかり固定する必要があります。力加減に注意しながら、人さし指を頭にしっかり添えましょう。

目薬

右ページの保定方法で、しっかり鳥の頭と体を支えて。

目の端から目薬を一滴たらしましょう。

目薬は、鳥が目を開けていても閉じていても大丈夫です。

目薬も直接投薬と同じく、目の端からそっと薬を置くようにたらして目の上に流します。目からあふれている薬は、綿棒でやさしく拭きとってください。

注意

投薬は途中でやめないように！

症状が治まったように見えても、本当に完治しているかはわかりません。獣医師から完治の診断が出たり、決まった量の薬を飲み切るまでは、飼い主さん判断で投薬を中止しないようにしましょう。

直接投薬

直接投薬とは、薬を直接飲ませることをいいます。

鳥を横に向かせて、くちばしの側面にそっと薬を一滴たらすと、自然に薬が口の中に入っていきます。気管に薬が流れ込んでしまうので、くちばしの正面から口の中に薬容器をつっ込んで投薬してはいけません。

飲水投薬

病院で処方された薬を、決まった量の水に溶かして飲ませます。薬入りの水以外は飲めないように、薬が入っていない水容器を置いてはいけません。水浴びの水や菜さしの水にも気をつけましょう。

コピーして使ってね!

お世話シート

年　月　日～　年　月　日

月/日	体重	食事量	飲水量	気づいたこと

・私は鳥さんが大好きです

著者　BIRDSTORY（バードストーリー）

鳥モチーフの雑貨を数多く手掛けるデザイナー・イラストレーター。鳥好きさんが笑顔になれる作品づくりを心がけている。動物が好きで、鳥と犬と暮らしている。愛鳥は、セキセイインコとブンチョウ。愛玩動物飼養管理士１級、ペット栄養管理士。

監修　寄崎（よりさき）まりを

2006年に日本大学生物資源科学部獣医学科卒業後、犬猫の動物病院、小鳥の病院勤務を経て渡米。鳥専門病院 やエキゾチックアニマル病院を視察したのち、2014年、鳥専門病院の「森下小鳥病院」を開院する。現在の愛鳥はコザクラインコ、オカメインコ、ワカケホンセイインコ、キンカチョウ、カナリアなど。

カバー・本文デザイン　細山田デザイン事務所（室田 潤）
校正　若杉穂高
編集協力　株式会社スリーシーズン（松本ひな子）

BIRDSTORY（バードストーリー）の
インコの飼（か）い方（かた）図（ず）鑑（かん）

著　者　BIRDSTORY
発行者　片桐 圭子
発行所　朝日新聞出版
〒104-8011　東京都中央区築地5-3-2
（お問い合わせ）infojitsuyo@asahi.com

印刷所　大日本印刷株式会社

Published in Japan by Asahi Shimbun Publications Inc.
ISBN 978-4-02-333216-4

定価はカバーに表示してあります。
落丁・乱丁の場合は弊社業務部（電話03-5540-7800）へご連絡ください。
送料弊社負担にてお取り替えいたします。

BIRDSTORY
オリジナルグッズ

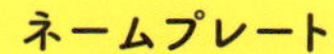

切り取って使ってくださいね！

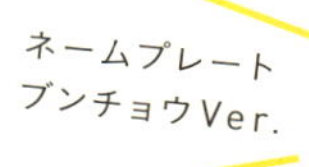
ネームプレート
ブンチョウVer.

メモ帳

あなたは
どの鳥さんが
好き？

PHOTOフレーム

◀BIRDSTORYオリジナルペーパー

キリトリ

キリトリ